自治体議会政策学会叢書

自治体の入札改革

― 政策入札 ― 価格基準から
社会的価値基準へ ―

武藤 博己 著
（法政大学教授）

イマジン出版

目　次

はじめに──記事検索で見る「談合」記事── …………………… 7
　①改正独占禁止法の施行 ……………………………………………… 10
　②橋梁談合 ……………………………………………………………… 13
　③「公共工事品確法」の制定 ………………………………………… 15
　④本書の構成 …………………………………………………………… 17

第1章　談合社会 …………………………………………………… 19
　①入札とは何か ………………………………………………………… 19
　②入札の歴史 …………………………………………………………… 20
　③4つの入札方法と原則としての一般競争入札 …………………… 23
　④指名競争入札 ………………………………………………………… 24
　⑤随意契約 ……………………………………………………………… 26
　⑥指名競争入札と随意契約が通常の方法 …………………………… 29
　⑦問題の多い指名競争入札 …………………………………………… 31
　⑧予定価格 ……………………………………………………………… 32
　⑨談合はやり得？ ……………………………………………………… 34
　⑩甘い罰則 ……………………………………………………………… 36
　⑪さらに官製談合も …………………………………………………… 37
　⑫消極的な損害賠償請求 ……………………………………………… 39
　⑬政官業の鉄のトライアングル ……………………………………… 41
　　　コラム①　ゼネコン汚職事件 …………………………………… 43
　⑭「指名」の不透明さ ………………………………………………… 45
　⑮談合防止の取り組み──入札契約適正化法 ……………………… 46
　⑯官製談合防止法 ……………………………………………………… 47
　⑰横須賀市における入札改革 ………………………………………… 49

⑱自治体におけるその他の入札改革 …………………………… 52
⑲入札改革の類型 ………………………………………………… 53

第2章　総合評価型入札 ……………………………………… 56

①総合評価型入札とは何か ………………………………………… 56
　1 総合評価方式の導入 ………………………………………… 56
　2 総合評価型入札のメリット ………………………………… 59
　3 総合評価型入札の実例① …………………………………… 61
　　コラム②　ＰＦＩ ……………………………………………… 66
　4 総合評価の実例②――大阪府の事例 ……………………… 67
　5 駐車違反取り締まりの民間委託競争入札 ………………… 70
　　コラム③　ＰＦＩ法の改正 …………………………………… 72
②総合評価から「政策入札」へ …………………………………… 73
　1 総合評価型入札で十分か …………………………………… 73
　2 社会的価値を基準に ………………………………………… 77
　3 価格入札から政策入札へ …………………………………… 78
　4 自治体にとっての政策入札の意義 ………………………… 80
③政策入札の基準 …………………………………………………… 82
　1 総合評価を普及させる努力 ………………………………… 82
　2 総合評価に盛り込むべき社会的価値 ……………………… 85
　3 評価基準①　環境配慮 ……………………………………… 87
　4 評価基準②　福祉 …………………………………………… 93
　5 評価基準③　男女共同参画 ………………………………… 96
　6 評価基準④　公正労働 ……………………………………… 102
　　コラム④　ＩＬＯ９４号条約 ………………………………… 107
　　コラム⑤　リビングウェイジ条例 …………………………… 108

第3章　政策入札の導入 …………………………………… 110

①政策入札導入の手順 ……………………………………………… 110
　1 手順①　社会的価値を宣言した基本条例の制定 ………… 112

2 手順②　政策領域ごとの検討作業…………………………… 115
　3 手順③　落札者決定ルールの制定………………………… 117
②個性的で独自な自治体政策 ……………………………………… 120
③公正で専門的な第三者委員会の設置　………………………… 121
④ゼネコンは談合と決別するか　………………………………… 124
⑤民間企業の社会貢献活動を応援　……………………………… 127

あとがき……………………………………………………………… 130
参考文献……………………………………………………………… 132
著者紹介……………………………………………………………… 134
コパ・ブックス発刊にあたって…………………………………… 135

はじめに
―記事検索でみる「談合」記事―

　談合という言葉で新聞記事を検索することがしばしばある。とにかく件数が多いので、「談合」という語のほかに、たとえば「橋梁」という語も含む記事を取り出したり、「天下り」という語も含む記事を探して読んだりする。行政学という分野を専門とするため、時々刻々と動いていく政治・行政の世界をフォローするためには、記事検索は非常に便利である。便利どころか、今や記事検索なくして講義の準備も十分には行えないという段階に達している。

　そこで、いつもは記事の中身が重要なのだが、今回は談合という語を含む記事の件数を数えてみた。朝日新聞の記事検索「聞蔵」と日経新聞の記事検索「日経テレコン」（日経新聞朝夕刊ほか、日経産業新聞、日経金融新聞など）で、記事検索が可能となっている1978年から（朝日については1983年）から2005年まで、各年（1月1日～12月31日）の件数を調べてみた。その数字は、次のグラフのようになった。

　1980年代は、1982年が一つのピークとなっている。1982年は、静岡県における建設業団体の談合事件があった年であり、公正取引委員会が初めて建設業に対して排除勧告を出したことでも知られていることから、315件（日経）と増えたようである。その後、1989年に80年代の最多数である322件（日経）、304件（朝日）を記録しているが、日米構造協議で独占禁止法の強化を求められたことに関係しているかもしれない。ところが

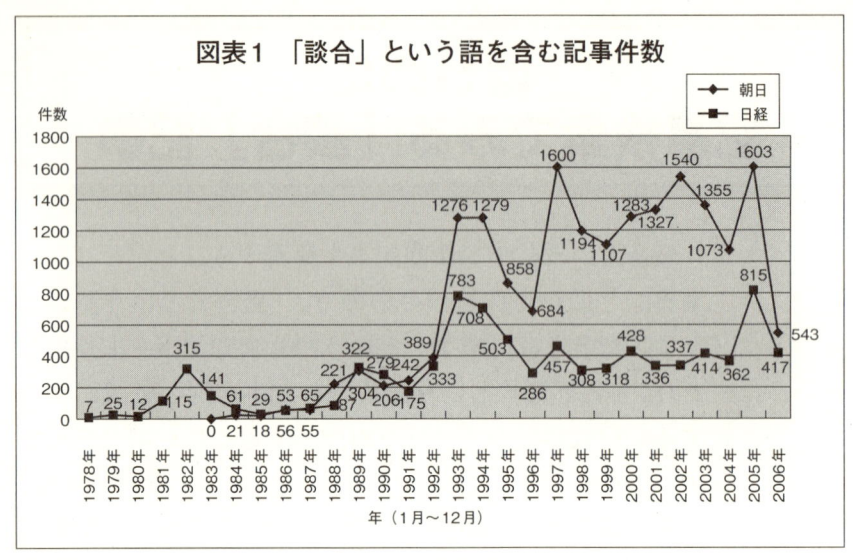

図表1 「談合」という語を含む記事件数

　1990年代に入ると、様相は大きく変わった。1992年に埼玉土曜会に対して排除勧告が出されたことから、そのもみ消しに走った金丸信が93年3月に脱税事件で逮捕され、そこで押収された資料からゼネコン各社が国会議員や地方政界に多額のヤミ献金を行っていた事実が判明し、32名が逮捕されたというゼネコン汚職事件が判明した。その結果、記事件数も1993年には朝日新聞ではそれまでの3倍以上の1276件、日経新聞でも2倍以上の783件となり、それまでの流れが大きく変わった。

　1995・96年は減少したものの、その後は、朝日では1000件を越える記事に談合という言葉が含まれている。日経では93年のピークの後は300～400件で推移しているが、2005年には815件と最高を記録した。いうまでもなく、2005年は橋梁談合が発覚し、旧成田公団談合、防衛施設庁談合、し尿処理施設談合と次から次へと明らかにされてきた。ちなみに、2006年は、4月末日までのカウントであるが、現在のペースが続けば、どちらの新

聞でも過去最高を記録する勢いである。明らかにされた談合事件が多かったという事実と同時に、談合に対する社会的関心が高まったこと、それらが記事の件数として表れたのではないかと思う。

　こうした新聞記事における談合という言葉の氾濫は、下記の公正取引委員会資料である「入札談合事件に対する法的措置件数の推移」ともほぼ重なっているといえよう。特に朝日新聞の件数は、1996年や2000年が少なかったことなど、部分的によく似たグラフとなっている。とはいえ、朝日と日経の動きの違いも、談合に対する新聞社のスタンスというより、社会面での取り上げ方の違いを示しているのかもしれない。こうなると、他の新聞の動きも気になるところである。とはいえ、90年代か

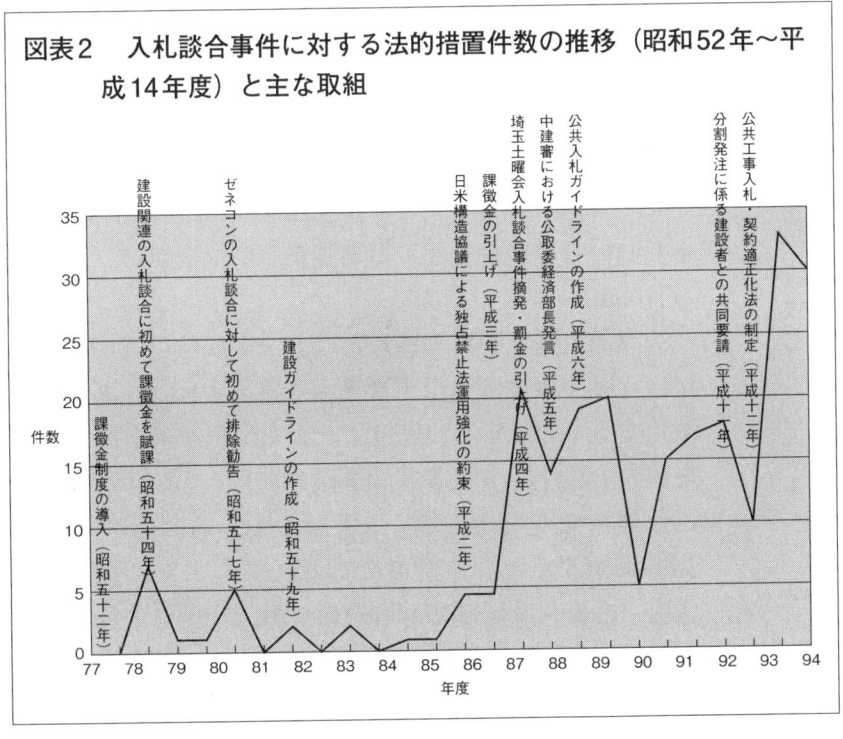

図表2　入札談合事件に対する法的措置件数の推移（昭和52年～平成14年度）と主な取組

ら談合事件に対する社会的関心が高まってきたこと、そしてここ1〜2年の動きは新たな流れを予想させることなどが理解できよう。

改正独占禁止法の施行

　ここ1〜2年の動きは新たな流れを予想させると述べたが、その大きな理由は、独占禁止法の改正法案が昨年4月に国会を通過したことである。この改正独占禁止法が2006年1月から施行されたことから、今後はさらに大きな変化をもたらす可能性がある。

　改正独占禁止法の要点は、①課徴金制度の見直し、②課徴金減免制度の導入、③犯則調査権限の導入、の3点に要約できる。①課徴金制度の見直しは、課徴金算定率を6％から10％（製造業等の大企業の場合）に引き上げ、違反行為を早期にやめた場合には上記の算定率を2割軽減した率、繰返し違反行為を行った場合には上記の算定率を5割加算した率に変更した。筆者の印象では、まだ低いと思われるが、財界等からの反発があり、妥協として10％になった。

　②課徴金減免制度の導入とは、法定要件（違反事業者が自ら違反事実を申告する等）に該当すれば、課徴金を減免するという新しい制度で、公正取引委員会の立入検査前の1番目の申請者は課徴金を免除、2番目の申請者には課徴金を50％減額、3番目の申請者には課徴金を30％減額するという制度である。アメリカにおける司法取引のような制度であるため、導入に対して批判もあるが、談合の証拠収集が困難であるため、またアメリカやヨーロッパではすでに導入され実績をあげていること

から、導入された。

　③犯則調査権限の導入は、悪質かつ重大な事案についてより積極的に刑事告発を行うためにもうけられ、担当部署として犯則審査部が新設された。立ち入り検査をして資料を差し押さえる権限であるが、むしろそれがなくてよくぞここまでやれたという印象を筆者は持っている。

　これらの新しい権限はどのように活用されているのであろうか。2006年3月29日の新聞各紙は、公正取引委員会が水門建設工事の入札をめぐり、大手メーカーの本社など40か所を立ち入り検査したことを報じた。公取の立ち入り検査はしばしば行われることであり、なんら目新しいことはない。が、今回は違う。というのは、課徴金減免制度の適用第1号の可能性があるとされており、違反企業の「自首」申告に基づく立ち入り検査らしい、と報道されたのである。

　「可能性」とか「らしい」という表現は、公表されていないからであるが、自首した企業に対しては文書をもって報告を受けたことを通知することになっている（独占禁止法第7条の2、第10項）ものの、第三者に申告の事実を話すと減免制度が適用されないため（課徴金の減免に係る報告及び資料の提出に関する規則、第8条）、公正取引委員会が課徴金納付を企業に命じるまでは減免されるかどうかについて、分からない仕組みになっている。

　課徴金減免制度は、違反行為をした事業者のうち、違反行為に関する事実を公正取引委員会の調査開始前に報告した者を対象としているが、3者までとされている。前述のように、最初に申告した者には課徴金の納付を命じないものとされ、2番目は50％の減免、3番目は30％

の減免となっている。ただし、調査開始日以後において、違反行為をしていないことや、虚偽が含まれていないこと、他の事業者に違反行為の強要や違反行為を止めることの妨害をしていないことなどが条件である（独占禁止法第7条の2、第7、8、12項）。

　立ち入り検査を受けた企業は、2005年の橋梁談合の際にも摘発された石川島播磨重工業や三菱重工業、日立造船、JFEエンジニアリング、住友重機械工業、三井造船、川崎重工業などの大手メーカーであり、また汚泥処理談合にもかかわっているところがほとんどである。

　また、公正取引委員会の資料によれば、各社は1969年頃に談合組織「睦水会」を結成して、受注調整を行っていたが、1979年に公正取引委員会の審査を受け、いったん組織を解散していた。その後、石川島播磨や日立造船、三菱重工の3社が幹事役となって談合を繰り返していたという。橋梁談合と似た構図であり、談合体質の根深い業界であると言わざるを得ない。

　課徴金減免制度は、経団連などの経済団体からは反対が表明されていたし、また談合体質の強い日本社会では機能しないのでないか、という意見があったが、今回の立ち入り検査は日本社会でもこの制度が機能することを証明したことになると考えられる。3月30日の日経新聞では、旧首都高速道路公団などの発注するトンネル用換気設備工事の談合疑惑で、石川島播磨、荏原製作所、三菱重工、川崎重工など6社（後に2社が追加されて合計8社）に対して立ち入り検査が行われ、これも企業側からの申告を受けての立ち入り検査であったとみられる、と報道されている。

　犯則調査権についても、公正取引委員会は2006年4月25日・26日に、汚泥・し尿処理施設の入札に関連し

て、クボタや荏原製作所など大手プラントメーカーが談合を繰り返していた疑いが強まったとして、11社に捜索を行った。同時に、大阪地検特捜部も、荏原製作所など入札に参加したプラントメーカー8社の東京本社と同支社に対し、競売入札妨害（談合）容疑で家宅捜索に乗り出したという。この捜索が犯則調査権に基づく第1号であった。

橋梁談合

　こうした独占禁止法の改正が行われた直後の2005年4月、市場規模最大といわれた橋梁談合の調査が進行していた。

　橋梁談合事件が新聞で本格的に報道され始めたのは、公正取引委員会が独占禁止法違反（不当な取引制限）の疑いで大手橋梁メーカー8社を検事総長に刑事告発した5月23日からであった。この告発にいたる経緯とその後については概略、次のようなものだった。

　94年11月に元暴力団幹部らが松尾橋梁に対する恐喝の罪に問われた事件がおこった。この恐喝事件は松尾橋梁の社員が持ち出した内部文書を用いて、橋梁メーカーに脅迫状を送付して、現金を脅し取ろうとしたもので、松尾橋梁から現金1億円を92年4月に受け取ったとされる。この事件は94年11月に警視庁に摘発され、8名が逮捕された。この時の談合資料は、当然、検察や公正取引委員会にもわたっていたと考えられるが、どのような検証が行われたのであろうか。残念ながらその点は不明であるが、談合組織「紅葉会」と「東会」はこの恐喝事件を契機として解散した。だが、それは表向きに過ぎな

13

かった。「K会」と「A会」に名前を変更して、94年に活動を再開した。

　2004年10月に再び談合疑惑が発覚し、公正取引委員会が5日に橋梁メーカー40社に対し、翌6日には30社に対し独禁法違反の疑いで立入検査が行われた。公取委はこの立入検査で談合を確信したものと思われるが、2005年の2月12日の朝日新聞によれば、談合組織は「K会」「A会」であること、幹事会社が「ワーク」と呼ばれる会合で「チャンピオン」を決めたこと、公団OBの親睦団体「かづら会」が関与していたことなど、多くの事実がこの段階で記事として明らかにされている。

　その後、5月23日になって告発を受け、26日にはメーカーの担当者10数名が逮捕され、本格的な取り調べが開始された。さらに捜査は進められ、やがて道路公団の関与が明確になっていった。6月に入ると、元道路公団理事の聴取が行われ、元理事も容疑を認め、検察も公団ルートの立件の方針を固めた。6月末になって公団本社が強制捜査の対象となり、7月になって公団元理事が逮捕され、25日には現役の副総裁も逮捕された。

　こうして橋梁談合は、天下りと談合の巣窟のような道路公団の本体にメスが入り、かつて藤井元総裁が政治家との関係をほのめかしていたが、どこまで政治＝行政の本丸に迫ることができるのか、捜査の行方が注目された。道路公団からの天下りが問題とされているが、官僚からの橋梁メーカーへの天下りも相当数にのぼっていることを忘れてはならない。年間3500億円という戦後最大の入札談合事件であり、道路公団発注分はその約3割を占めるものであり、徹底した解明が国民の信頼を取り戻す唯一の方法である。

 ## 「公共工事品確法」の制定

　独占禁止法の改正と並んで重要なできごととしては、「公共工事の品質確保の促進に関する法律」（公共工事品確法）が2005年の通常国会で3月末に可決され、4月1日から施行されたことであろう。国の入札について、原則として価格主義が適用されているが、それに対してこの公共工事品確法は、その基本理念（第3条）に、「公共工事の品質は、……経済性に配慮しつつ、価格以外の多様な要素をも考慮し、価格及び品質が総合的に優れた内容の契約がなされることにより、確保されなければならない」と明記され、価格以外の基準で入札を行うべきことが宣言された。総合評価型入札に政策的価値を導入すべきだと主張している筆者としては、歓迎すべき法律と考えている。

　この法律案の提案については、自民党の「公共工事の品質確保に関する議員連盟」（会長・古賀誠元幹事長）が国や地方自治体に対し、公共工事の受注業者を決める際、価格面だけでなく、技術力も重視し判断するよう義務づける法案の骨子をまとめた、と報道された（朝日新聞、04年10月09日）。筆者は、2004年11月に民主党からこんな法案が出されようとしているが、ご意見を伺いたいという依頼を受けて、はじめて知った。その後、3月末に法案が通った。

　この法律は、自治体に対しても品質確保の活動を要望しているにもかかわらず、自治体ではあまり知られていないという。国土交通省国土技術総合研究所が全自治体（2446団体）を対象に行ったアンケート（2005年4月〜

5月に実施）で、2084団体から回答を得た。それによると、公共工事品確法の認知状況は、「知っていた」が733団体（35.2％）、「聞いたことあるが、内容は知らない」が1059団体（50.8％）、「聞いたこともない」が289団体（13.9％）だった。市町村で「知っていた」のは682団体に過ぎなかったという。また、総合評価方式の認知状況についても、市町村で「知っていた」は733団体で、法律の認知度とほぼ同じ割合だった（日刊建設工業新聞、2005年5月24日）。この調査については、内容の一部が朝日でも報じられた（朝日新聞、2005年06月08日）。

　ところで、上に引用したとおり、第3条の基本理念に価格以外の多様な要素を考慮して総合的に判断されなければならないと規定している。判断する主体は、国と自治体を含む「公共工事の発注者」であり、公共工事の品質が確保されるよう、「発注関係事務」、すなわち「仕様書及び設計書の作成、予定価格の作成、入札及び契約の方法の選択、契約の相手方の決定、工事の監督及び検査並びに工事中及び完成時の施工状況の確認及び評価その他の事務」を適切に実施しなければならないとされている。

　その後、05年8月に品確法第8条に基づく基本方針が策定され、続いて9月には「国土交通省直轄工事における品質確保促進ガイドライン」が策定され、また2006年5月になって自治体向けのマニュアルを作成したという。このマニュアルは、上記の「ガイドライン」をベースに総合評価方式の実施手順などをQ&A型式で分かりやすく解説したもので、各地方整備局を通じて自治体に配布しているという。「総合評価方式使いこなしマニュアル」と題し、自治体に聞いた公共工事品質確保促進法

や総合評価方式の実施に当たっての課題や総合評価方式の手続きなどを紹介、解説するだけでなく、そもそも品確法や総合評価方式とは何なのかといった基本的なことも説明しているという（建設通信新聞、2006年5月16日）。

　さて、このように、談合対策と呼べる法改正や新たな仕組みが作られているとはいえ、依然として談合報道のない日はないといえるくらい、談合は続いている。2度も告発を受けたのは、水道メーター業界が最初かもしれないが、それは他の業界が談合を繰り返していないということではない。むしろ、水道メーター業界の例は氷山の一角といえるのではないだろうか。処分や摘発が行われて明るみに出たもの以外でも、さまざまな業界で談合が繰り返されていると見るべきであろう。公正取引委員会のホームページには、法的措置がとられた事例一覧が掲載されているが、様々な業界にわたっていることがわかる。

　この「談合社会」ともいうべき実態をどう是正していくべきであろうか。無論今後も談合の実態に即した法的規制、罰則の整備と取り締まりの強化が待たれることはいうまでもない。しかしそれだけで「いたちごっこ」の悪循環を断ち切れるものだろうか。入札の制度そのものから根本的に見直す視点が、今こそ必要ではないだろうか。

本書の構成

　本書はこうした問題意識に基づいて、第1章では、入札の制度や談合を生む土壌について説明し、談合を防止

するために従来とられてきた方法などについて解説した。第2章では、入札制度自体の改革として、「総合評価型入札」の導入について説明し、さらに総合評価方式の発展形である「政策入札」という方式を提案する。政策入札とは、政策が追求する価値、すなわち社会的価値を入札の判断基準に取り込んだ方式である。また、そこで配慮すべき社会的価値として、環境、福祉、男女共同参画、公正労働を取り上げ、どのように基準として盛り込むかについて論じる。最後の第3章では、政策入札を実現するためのプロセスについて説明したい。こうしたプロセスを通じて、談合社会を責任社会へと展開していく道筋を考えてみたい。

第1章　談合社会

 入札とは何か

　政府（中央政府と地方政府）が物品やサービスを購入することを政府調達というが、むやみにどこからでも調達していいわけではない。そこで一定の手続きに従って調達を行うことになるが、その手続きが入札という方法である。入札とは、札を入れるという意味であるが、金額を書いた札を箱に入れるというところから名づけられたものであろう。

　政府が入札の際に注意すべきことは、法律によって決められている。中央政府（以下、国とする）の場合には「会計法」と「予算決算及び会計令」（以下、予決令とする）で定められ、地方政府（以下、自治体とする）の場合には「地方自治法」と「地方自治法施行令」で定められている。そこに示されている原則は、「売買、貸借、請負その他の契約を締結する場合においては、第3項及び第4項に規定する場合を除き、公告して申込みをさせることにより競争に付さなければならない」（会計法29条の3、第1項）とされているように、競争が原則となっている。第3項、第4項に規定する場合とは、指名競争入札と随意契約という方式であり、この第1項は「一般競争入札」と呼ばれている。これらの方式については、後に説明するが、ここでは競争の意味を考えてみたい。

競争を行う方法が「入札」であるが、会計法に競争を行う場合には「入札の方法をもつてこれを行なわなければならない」とされている（会計法29条の5）。では入札において、どのような基準の競争が行われ、選択されるのであろうか。その答えは、「予定価格の制限の範囲内で最高又は最低の価格をもつて申込みをした者を契約の相手方とする」（会計法29条の6）というものである。「最高又は最低の価格」とあるが、国が購入する場合にはもっともやすい価格を提示したもの、国が売却する場合にはもっとも高い価格を提示したものを指しており、そのものと契約を結ぶことが義務づけられている。すなわち、入札における競争とはもっともやすい価格を提示するものを選択する仕組みである。

② 入札の歴史

歴史的に見ると、政府の調達は競争を前提としなければならないという考え方は、明治時代以降、すなわち近代国家としての日本が成立して以降のものである。すなわち、日本が立憲君主制による近代国家としての体裁を整える中で、中央政府は、憲法発布と同じ1889（明治22）年、会計法を制定し、「法律勅令を以て定めたる場合の外政府の工事又は物件の売買貸借は総て公告して競争に付すへし」（24条）と定められ、翌年より施行された。ここでの競争とは、一般競争入札を意味した。

その前年の1888（明治21）年には、明治の地方自治制を定めた市制町村制が制定され、そこには「市有財産の売却貸与又は建築工事及物品調達の請負は公けの入札に付す可し。但臨時急施を要するとき及入札の価額其費

用に比して得失相償はさるとき又は市会の認許を得るときは此限に在らず」と規定され、「公けの入札」を原則とすることが定められていた。その後、1911（明治44）年の改正で、「競争入札」という言葉に置き換えられた。

競争入札という方法をとる必要性が出てきたのは、日本が近代国家としての体裁を整える必要に迫られたからである。1889（明治22）年の明治憲法の制定、1890（明治23）年の帝国議会の開設はその象徴的なできごとであり、その前後に現在の制度の基礎が作られたものが多い。入札制度もその一環であった。

それ以前の時代、例えば江戸時代などでも幕府や藩によるさまざまな調達が行われていたはずであるが、その際に支出される資産は将軍家のものであったり大名家のものであったりと、ある程度公的な性格を帯びてはいても、基本的には私的な資産であった。要するに家の財産であり、その管理も家に属する役人が行っていた。このような制度を家産制という。家産制のもとにおいては、資産の使い道は家父長の意思次第だから、調達も競争という手続きで公平に行われる必要はなかった。特定の業者を「御用商人」として優遇してよかったわけである。ただし、特定の相手を選ぶ方式として、入札という方法が用いられていた場合もあった。もちろん現在の入札とは異なるが、入札という方法自体はおよそ400年前から用いられていたという（武田晴人『談合の経済学』、38頁）。

明治時代に入っても、会計法の制定以前は、政商といわれる特権的な商人が政府との売買に深く関わっていた。官業の払い下げなどは、しばしば政争の原因となるほどに不公平な取引であったが、彼らはやがて財閥へと成長していったことはよく知られている。

しかしながら、近代国家としての体裁を整えるためには、調達においても公平性が求められるようになり、会計法の制定によって、中央政府が調達を行う際には主に入札という方式で競争を行わなければならないことになった。

　1889年の会計法の制定によって、誰でも政府の入札に参加できるようになった結果、特権的な大会社で没落していったものもあったが、逆に新しいチャンスを生かして会社を興していったものもいた。競争が激しくなったのである。ところが、十分な知識や経験もないまま落札して、手抜き工事を行うという業者も出てきた。その結果、善良な業者が排除されていると批判するものが出てきて、指名競争という方式が提案されるようになった。1900（明治33）年に勅令（天皇の命令）が出され、「政府の工事又は物件の購入にして無制限の競争に付するを不利とするときは指名競争に付することを得」と規定して、指名競争入札が制度化された。

　その2年後の1902（明治35）年、今度は会計法を改正し、「価格を競り上げ若しくは競り下げる目的を以て連合」することを禁止する規定が加えられた。ここでの連合とは談合のことである。もっとも刑法上に規定されたのは、1941（昭和16）年のことであり、そこには「偽計若しくは威力を用ひ公の競売又は入札の公正を害すへき行為を為したる者は2年以下の懲役又は5000円以下の罰金に処す、公正なる価格を害し又は不正の利益を得る目的を以て談合したる者亦同し」（96条の3）と規定された。

　さらにその後の1906（明治39）年に、重大な変更が行われた。すなわち、随意契約の範囲の拡大である。会計法では、一般競争入札が原則であるが、「法律勅令を

以て定めたる場合」はその原則の例外とされ、適用除外を認める勅令が相次いで制定されたのである。官業払い下げなどはそうした勅令を制定して、入札を回避して行われた結果、批判を浴びることになった。そのため、勅令を制定しなくてもよい方法として随意契約の範囲を拡大したのである。この緩和によって、実質的に政府にとっては都合のよい仕組みが整えられていった。会計法も1921（大正10）年にこのような実態に合わせて改正され、一般競争が原則で、実態は指名競争、随意契約という現在と同様な制度と慣行が確立されたのである（武田、前掲書、138～151頁）。

③ 4つの入札方法と原則としての一般競争入札

　現在の政府の行う入札については、前述のように地方自治法と会計法に規定されている。ここではそれらを詳しくみてみたい。

　地方自治法234条1項では、地方公共団体が売買、貸借、請負その他の契約をする際には、①一般競争入札、②指名競争入札、③随意契約、④せり売り、の4種類のうち、いずれかの方法によって、締結すると定めている。続く同条第2項では、これら4つの方法のうち、一般競争入札以外の3つの方法は「政令で定める場合に該当するときに限り、これによることができる」と定めていることから、一般競争入札を使うのが原則であることがわかる。

　国の場合も、地方自治法の規定ほど整理されて書かれていないが、この4つの方法があることが会計法に定められている。また、一般競争入札が原則であることにつ

いては、会計法では、前にも引用したように、「売買、貸借、請負その他の契約を締結する場合においては、第3項［指名競争］及び第4項［随意契約］に規定する場合を除き、公告して申込みをさせることにより競争に付さなければならない」（会計法29条の3、第1項）という規定から明かである。ところが問題は、実態がこの原則とはかけ離れていることである。この点については後述する。

　一般競争入札とは、基本的には誰もが参加できる入札方式である。会計法の規定のように、公示によって公開性が定められ、誰でも参加できるという公平性が確保されている。ただし、厳密には破産者や、自治体との以前の契約で不正を働いた者などは参加できないことが、地方自治法施行令167条の4に定められている。また、自治体の長は契約の種類や金額に応じて経営の規模や状況を要件とする資格を定めることできるとされており（施行令167条の5）、さらに事業所の所在地や工事についての経験・技術に関する資格を定めることができるとされている（施行令167条の5の2）。

　しかし、この制限の意義は、客観的な条件を設けることによって一定の水準を確保することが目的であって、基準をクリアすれば誰でも参加できることから、不特定多数が参加して競争することでより安価に調達ができるという原則に則したものである。

❹ 指名競争入札

　指名競争入札とは、指名を受けた業者だけが入札に参加できるという方式である。誰が指名するのかについて

は、通常、行政側が業者指名審査委員会のような内部組織を設置して、業者に関する情報（たとえば不誠実な行為の有無その他の信用状態、過去の工事に関する実績・成績、手持工事の状況、当該工事施工についての技術的適性など）を考慮して、工事の規模や金額に応じて、登録業者の中から複数の業者を指名することになっている。

この指名競争入札によることができるケースは、自治体の場合、
(1) 工事又は製造の請負、物件の売買その他の契約でその性質又は目的が一般競争入札に適しないものをするとき
(2) その性質又は目的により競争に加わるべき者の数が一般競争入札に付する必要がないと認められる程度に少数である契約をするとき
(3) 一般競争入札に付することが不利と認められるとき

と定められている（施行令第167条）。

国の場合は、
(1) 契約の性質又は目的により競争に加わるべき者が少数で一般競争に付する必要がない場合
(2) 一般競争に付することが不利と認められる場合（以上は、会計法29条の3、第3項）
(3) 契約予定価格が少額である場合（同5項、予決令94条）

のいずれかに該当する場合に指名競争が許容される。

具体的にはどういう事例が考えられるだろうか。例えば、技術的に困難なトンネルを掘る場合を考えてみる。このような工事には高いトンネル掘削技術が必要とされるとすれば、土木業者なら誰でも参加できるというわけ

にはいかないであろう。条件に合ったトンネルを掘るために必要な技術や設備、施工経験、信用力などを兼ね備えた業者でなければ、工事を完成させることは難しいと考えられる。そうした条件を満たす高度な技術を有する業者がわずかしかいないという場合には、「一般競争入札に適しない」とか、また「入札に付する必要がないと認められる程度に少数である」と判断されているのである。また、「一般競争入札に付することが不利と認められるとき」とは、不誠実な業者が参加するのを避ける場合や特殊な物件で検査が著しく困難な場合などが考えられる。

　こうした理由がなければ、一般競争入札によらなければならないのであるが、実態としては不誠実な業者が参加するのを避けるという理由で指名競争入札が行われることが多いのである。しかしながら、不誠実な業者を避けることができているかというと、そうではないため、ある専門家は、「客観的基準によっては、不信用不誠実な者を排除できないがために、信用できる者を積極的に選択する方式であるといってもよい」と指摘している（碓井、1995、50頁）。

⑤ 随意契約

　随意契約とは、競争を行わず、特定の相手を選んで契約をする方法である。この随意契約は、不正の温床になりやすいこと、政府にとって不利な契約になりやすいこと、御用商人の利益が図られることなどの理由から、例外的な方法とされている。ただし、少額の契約を含めると、一般的に件数の上で9割以上が随意契約の方法でと

られているようである。

この方法によることができるケースとは、自治体の場合には、

(1) 売買、貸借、請負その他の契約でその予定価格が政令に定める額の範囲内において当該自治体の規則で定める額を超えないものをするとき
(2) 不動産の買入れ又は借入れ、当該自治体が必要とする物品の製造、修理、加工又は納入に使用させるため必要な物品の売払いその他の契約でその性質又は目的が競争入札に適しないものをするとき
(3) 緊急の必要により競争入札に付することができないとき
(4) 競争入札に付することが不利と認められるとき
(5) 時価に比して著しく有利な価格で契約を締結することができる見込みのあるとき
(6) 競争入札に付し入札者がないとき、又は再度の入札に付し落札者がないとき
(7) 落札者が契約を締結しないとき

と定められている（施行令167条の2、第1項）。

国の場合は、

(1) 契約の性質又は目的が競争を許さない場合
(2) 緊急の必要により競争に付することができない場合
(3) 競争に付することが不利と認められる場合（以上は、会計法29条の3、第4項）
(4) 契約に係る予定価格が少額である場合その他政令で定める場合（同5項）

と定められているが、予決令では99条に細かい規定がある。たとえば、「一　国の行為を秘密にする必要があ

るとき。二　予定価格が250万円を超えない工事又は製造をさせるとき。三　予定価格が160万円を超えない財産を買い入れるとき。四　予定賃借料の年額又は総額が80万円を超えない物件を借り入れるとき。五　予定価格が50万円を超えない財産を売り払うとき。六　予定賃貸料の年額又は総額が30万円を超えない物件を貸し付けるとき。七　工事又は製造の請負、財産の売買及び物件の貸借以外の契約でその予定価格が100万円を超えないものをするとき。八　運送又は保管をさせるとき。九　国際協力銀行、日本政策投資銀行、公庫の予算及び決算に関する法律（昭和26年法律第99号）第一条に規定する公庫その他特別の法律により特別の設立行為をもつて設立された法人のうち財務大臣の指定するものとの間で契約をするとき……」などであるが、一般的な規定ではないため、参考のため、一部のみを掲げた。

　（1）の金額については、自治法施行令（別表第5）と予決令99条をあわせると、次のように定められている。

		都道府県・指定都市	市町村	国
1	工事又は製造の請負	250万円	130万円	250万円
2	財産の買入れ	160万円	80万円	160万円
3	物件の借入れ	80万円	40万円	80万円
4	財産の売払い	50万円	30万円	50万円
5	物件の貸付け	30万円	30万円	30万円
6	前各号に掲げるもの以外のもの	100万円	50万円	100万円

　具体的には、この表に示されているように、工事・製造の請負の場合でも国・都道府県・指定都市で250万円、市町村で130万円という金額であり、額が大きくないため、入札を行うとかえって煩雑になる場合が自治体（1）と国（4）のケースである。ある特定の業者しか作

れない特殊な製品を購入する場合が自治体（2）であり、災害復旧の道路工事のように急いで工事する必要があって入札の手続きを踏んでいる時間がないときが自治体（3）である。自治体（4）の「競争入札に付することが不利と認められるとき」については、現に履行中の工事に関連する工事など他の業者に履行させることが不利な場合や契約の時機（タイミング）が重要な場合、例えば利用中のコンピュータ・ソフトの一部となるソフトを開発する場合などが考えられる。これらの場合は、随意契約でかまわないとされている。

なお、せり売りとは、よく卸売市場で行われているように、口頭で価格の競争をするという方法であるが、実際には自治体の契約方法としてはほとんど行われていないとみられる。美術品等の売買に使われるオークションがこのせり売りであるが、徐々に値が上がっていくことから「せり上げ」型といわれる。ちなみに、バナナのたたき売りは、高い価格からはじめて徐々に値を下げていき、購買意欲を誘うので、「せり下げ」型となろう。

指名競争入札と随意契約が通常の方法

　法の規定によれば、一般競争入札が原則であり、それでは不都合が生じる場合にのみ他の方法をとってもよいということになっているのであるが、自治体の実態を見ると、一般競争入札が行われるのは金額の大きい、ごく小数の契約に限られており、小さな自治体では1件もないという場合があるようだ。したがって、金額が大きい場合には通常の方法が指名競争入札になっており、全体の件数では随意契約が圧倒的に多い。自治体の契約担当

者に契約の件数について尋ねたことがあるが、契約担当課が扱っている一般競争や指名競争についてはその件数が明確であるけれども、各課がそれぞれに行っている随意契約はその件数が正確に把握できない。調査をすればもちろんわかると思われるが、特に必要があるわけではないので、調査をしていないようだ。それでも随意契約が占めるおおよその割合は、9割以上ではないか、とのことであった。その理由としては、金額の小さい物品購入などの案件が圧倒的多数であるため、必然的に随意契約が多用されることになるのである。

NHKによれば、中央省庁や最高裁、公正取引委員会などの17の機関が2004（平成16）年度に結んだ契約について、政府が国会に提出した資料を分析した結果、中央省庁が行った1000万円以上の契約にしめる随意契約の比率は67％であったという（NHKニュース7、2006年5月5日）。このニュースは、国の機関を退職した後に受け入れる公益法人や企業、いわゆる天下り先が国から受注した契約の97％が随意契約だったことなど、天下りと随意契約の関係を指摘したものだが、12の機関では100件以上の随意契約の発注があり、このうち随意契約の比率は、環境省が100％、最高裁が99.9％、文部科学省が99.8％、法務省が99.7％、財務省が99.4％、厚生労働省・社会保険庁が99.3％と、6機関で天下り先への随意契約の割合がほぼ100％であったという。この問題については、後に論じることにするが、1000万円以上でも67％であるということは、金額の小さいものを含めると、9割以上が随意契約であると予想される。

すなわち、日本の政府（国と自治体）では、法律に書かれていることとは裏腹に、一般競争入札が行われるのは金額の大きな工事などの特別な場合であり、指名競争

入札や随意契約が一般的に行われている方式となっているのである。

問題の多い指名競争入札

　ところが実は、この指名競争入札こそが多くの問題を抱えている方法であり、談合の温床となっていると考えられる。建設事業で指名競争入札を行う場合を例にとって考えてみよう。まず、入札に参加する指名業者が行政側で選定されると、その指名業者を集めて「現場説明会」（「現説」と省略形でいわれることが多い）が開かれるのが一般的である。この説明会で行政側の設計担当者から設計についての説明がなされ、入札の日時、場所、手続き方法についても伝えられる。

　まず、この現場説明会に問題がある。入札に参加する業者が一堂に会するということは、すなわち「誰と談合をすればいいか」が一目瞭然にわかってしまうということになる。指名競争の場合は一般競争とは違い、参加する業者数は限られている。具体的な業者数は金額や事業規模にもよるが、一般的には多くても20社程度である。

　そして「談合行為」などというと大げさに聞こえるが、実際行われていることはごく簡単な打ち合わせ、示し合わせに過ぎない。基本的には話し合っておかなければならないことは、どの業者がいくらで落札するか、ということだけだから、例えば現場説明会の終了後、参加業者が揃って近隣の喫茶店にでも入り、10分程度話をすれば決めることができるのである。

　談合対策として、現場説明会そのものを廃止する動きが最近広まっている。しかし、これも対策としては決定

打になり得ない。行政側による参加業者の公表、業界団体からの情報など、参加者特定のための情報源は他にもあるからである。特に業界団体は、談合を勧奨し、談合を取り仕切る役割を担っている場合が多く、入札参加者の把握と情報の提供にも積極的に関与しているといわれている。

誰が参加するかさえわかっていれば、現場説明会から入札までの期間内に、いつでも談合はできる。入札会場に業者が早めに集まり、入札直前のわずかな時間で談合が行われるケースもあるという。

⑧ 予定価格

予定価格とは、行政側が自ら作った設計図に基づいて、その建設に必要な資材などの数量を出し、それに単価をかけて積算し、その建物がどのぐらいの値段になるのかをあらかじめ出しておき、その価格を入札価格の上限として設定するものである。予定価格は上限価格であるため、これを超える価格を提示した業者は失格となる。もし参加した業者全員が予定価格を超える金額を提示した場合には、入札はその場でやり直しとなる。やり直しの場合にも全員が予定価格を超える金額を提示した場合には不調とされ、期日を変え指名業者を変更して、やり直される。従来は、やり直しの回数制限はなかったが、92年6月の埼玉土曜会事件が起こり、公正取引委員会が鹿島をはじめとするゼネコン66社に対して排除勧告を出したことなどから、92年11月に中央建設業審議会が「入札・契約制度の基本的あり方について」を答申し、その中で落札者が決まらない場合の入札回数を2回

までとする、という提案があり、それ以降、やり直し回数は２回までとされている。

　予定価格を決める際には、「取引の実例価格、需給の状況、履行の難易、数量の多寡、履行期間の長短等を考慮して適正に定めなければならない」（予決令80条）とされており、「適正に定めなければならない」とされているから〈適正に定められたものである〉という論理で、予定価格は適正であるという幻想が生まれてくる。

　予定価格が上限であれば、下限となるのが最低制限価格である。こちらは設定されないこともあるが、最近では競争が激化してダンピング（採算割れの価格）でも受注して手抜き工事でその穴埋めをするという場合も出てきたため、予定価格に対する一定の割合（たとえば、予定価格の３分の２とか10分の７等）に達しない価格の入札は、予定価格の範囲内の価格であっても失格とする制度である。この制度は、自治体について認められている（地方自治法施行令第167条の10第２項）が、国の場合にはない。

　また、低価格の場合に調査する制度として、低入札価格調査制度がある。あらかじめ調査の対象とする基準価格、すなわち「調査価格」を定めておき、最低価格がこれを下回った場合に、契約が適正に履行されるかどうかを調査する制度である。この制度は、国・公団等の機関及び自治体で採用されている。

　ところで、従来のように予定価格が機密事項とされた場合、業者側に金額が漏れてはならないことになる。ところが実際には、ほとんどの業者が予定価格を把握した上で入札に臨んでいると思われる。そこで、後述するごとく、予定価格を事前に公表してしまうという対応がとられる場合が増えている。

日本弁護士連合会（日弁連）は2001年2月、『入札制度改革に関する提言と入札実態調査報告書』を発表し、日本の入札談合の実態を報告している（文中の落札率とは、予定価格に占める落札価格の割合のこと）。

> 建設省の調査結果によると、都府県28、政令指定都市8都市、市町村205の1998年（平成10年）度の平均落札率は95.4％であり、落札率90％以上が86.9％、落札率90％未満が13.1％という結果であった。
> 4県調査（各県2000年（平成12年）度、1億円以上の入札約50件）によると、落札率95％台から99％台の入札が圧倒的に多く、落札率80％以下の入札が、各県とも数件ある。1社だけ予定価格以下で他社は予定価格以上の入札が極めて多い。

また、国土交通省が衆院経済産業委員会に提出した資料によれば、1997〜2001年度に発注した港湾関係工事の入札をめぐり、7割以上の工事で、落札率が98％を超える極めて高い率になっていたという（朝日新聞2005年6月9日）。こうした落札率の高さを指摘する記事は無数にあるといってもよい。

こうした落札率の高さ、そして「1社だけ予定価格以下で他社は予定価格以上」という実態をどうみるべきであろうか。業者間で事前に落札業者が選ばれ、その業者が落札の条件を満たす範囲内で、なおかつ利潤が最大になるような価格で入札するような話し合いが行われている、すなわち事前に予定価格を知った上で談合行為に及んでいる可能性が極めて高い、といわざるを得ないのではなかろうか。

談合はやり得？

談合はこれまでにも何度も摘発され、社会問題化されるに至っているが、そのほとんどは内部告発が摘発のき

っかけになっている。例えば談合の仲間はずれにされたり、談合による仕事のローテーションから外されたりした業者が、いわば「腹いせ」に新聞社や公正取引委員会などに談合情報を伝えるというものだ。

　すなわち、談合に加担している人間でなければ、ほとんど談合の実態は知りえないといえよう。前述したように談合はどこででも、わずかな時間で成立するものであり、しかも電話一本の口約束で成り立つものでもあるため、証拠が残っていないことが多い。こうした性質上、外部の人間による発見、摘発はきわめて困難といわざるを得ない。

　加えて、旧来からの業界の談合依存体質もこれに拍車をかけている。長年の談合の繰り返しで業者同士の利害対立を避け、「護送船団方式」を醸成してきた業界内部では、お互いに「かばいあう」意識が不文律として定着し、公正な競争のために相互に監視しあうといった意識は、薄いというよりもほぼ皆無のように思われる。

　そして日本には「談合はやり得」という状況が定着してしまっている。すなわち、談合の大きな目的のひとつは「ローテーション」、つまり仕事を特定の複数業者内で順番に回していくことで、談合に参加するすべての業者に仕事を行き渡らせることにある。「前回はお宅の会社が落札したから、今回はウチの会社」という図式である。業界団体が、この順番を取り仕切る役割も果たしている場合もあると考えられる。こうした談合の実態を訴える文献もたくさん出ている。

　ゼネコンの場合には、談合の一般ルールがある。再開発する場合など、もともと旧建物を施工したり、修繕したり、あるいは解体した業者が受注するというものである。これが「元施行」といわれ、談合の一般ルールとは

この元施工業者が工事を引き受けることを他の業者が尊重することであり、したがってその確認をするための電話一本だけで談合は成り立つ、という（鬼島紘一、『談合業務課』、光文社、2006年、314頁）。ただし、元施工業者がいない全くの新規工事のような場合にはこのルールが適用できるわけではないので、「ローテーション」の論理が機能することになるのであろう。

このような状況では当然、競争によるコストダウン効果は発生せず、予定価格の範囲内でさえあれば業者側の「言い値」が通ることになる。前述した高落札率、すなわち落札金額が予定価格に限りなく接近している実態が、談合の実情を物語っている。大型工事では、落札価格が予定価格の99.9％という事例も多くみられるという。また日弁連が97年と98年12月に「談合・入札ホットライン」を実施したところ、談合にかかわった多くの業者からの情報が寄せられたが、18業者中17業者が「入札談合によって落札価格は20％以上あがる」と答えたという。

こうした状況において、先に述べた独禁法の改正が行われ、内部告発によって公正取引委員会の調査前に申告すれば、課徴金が減免されるという制度が導入されたのである。今後、この制度がどのように活用されるのか、注目したい。

⑩ 甘い罰則

他方で、談合に対する罰則は、日本では極めて不十分といわざるを得ない。前出の日弁連の報告書では、アメリカとの比較で日本の法体制の不備を指摘している。

> アメリカの入札制度調査結果によると、アメリカでは、談合した場合は、談合利益の2倍の罰金と12カ月程度の実刑になり、司法省は必ず談合業者に損害賠償請求（3倍賠償）をする。また、談合による入札資格剥奪期間は36カ月であり、談合すると経営ができなくなる可能性が高い。
> これに対し、日本では談合が公正取引委員会に摘発されても課徴金は3％ないし6％、刑事事件になっても執行猶予となることが多く、指名停止期間も2カ月ないし9カ月であり、そのペナルティも軽く、国も自治体も談合が明らかになっても談合業者に対し損害賠償請求することは稀であり、業者にとっては、「談合はやり得」という実態である。

　日本の例では、独禁法の改正により、6％が10％に引き上げられたが、依然としてアメリカと比較すれば、甘い罰則であることに変わりはない。すなわち日本では、談合が摘発されて指名停止処分を受けても、処分期間を他の仕事で食いつないでおけば返り咲きが可能であり、その他の処罰も経営への悪影響はほとんどないということになる。「談合は犯罪」というモラルが醸成されにくい実態がここにある。

　さらには、「談合に加わらなければ損」と考える実情もある。談合に参加している業者のグループが、参加しない業者にいじめやいやがらせを加え、倒産にまで追い込むケースもあるという。これも、談合に参加する業者のほうが圧倒的多数であることのあらわれであろう。

　また、このいじめには行政側によるものもある。「談合に参加しなければ、指名を取り消す」というものであるが、もちろんあってはならないことである。

11 さらに官製談合も

　これまで述べてきた談合を助長する要素のほぼすべてにわたって、行政側が談合を放置、黙認というより、む

しろ積極的に助長してきた実態が見え隠れする。いわゆる「官製談合」である。

予定価格にしても、行政側が業者側に意図的に漏洩または示唆しているケースも多い。また談合行為もこれを黙認するだけにとどまらず、前述のように談合に加わらない業者を排除しようとする傾向さえ見受けられる。指名業者の事前公表や固定化によって、ローテーション談合が容易になっているという側面もある。

またJV制度の推奨も、談合を助長する要因と考えられる。JVとは「ジョイント・ベンチャー（共同企業体）」の略であり、複数の企業が共同体を組んで事業を行うことであるが、これまで行政側はJVをむしろ推奨してきており、一定の金額以上の事業ではJVを入札の参加条件とする自治体も多い。前出の日弁連の資料によれば、全自治体がJV制度を必要な制度であると強調しており、その理由としては技術力の結集、技術研修、地元業者・中小業者の育成と入札参加機会の増大、大規模かつ技術度の高い工事の安定的な施工、危険負担の分散などがあげられている。

しかし、JVを組めば業者間での事前の話し合いが行われるのは当然であり、談合体質をさらに促進させる。複数のJVでローテーションを組む場合もあり、JVへの参加がそのままローテーションへの参加となる実態もある。談合に消極的な業者であっても、JVを組んで事業に参加したいがために、談合に加わらざるを得なくなるという側面もある。

12 消極的な損害賠償請求

　談合によって発注者は不当に高い買い物を強いられるわけであるから、談合事件が発覚し、業者側に刑事責任があると認められた場合であれば、損害賠償を請求するという方法で、返還を求めることが可能である。ところが、刑事責任が確定しても、行政側が損害賠償の請求に消極的な態度を取るケースも多く見受けられる。2003年5月10日付の毎日新聞の記事によると、近畿地方で起きた巨額談合事件に対し、自治体などの8割が業者に賠償請求を行っていないという。

> 　公正取引委員会が01年度までの5年間に近畿地方で認定した巨額談合事件で、自治体や省庁など発注側の機関の8割以上が業者に損害賠償を請求していないことが9日、毎日新聞の調べで分かった。独占禁止法では、違反した業者は被害を受けた自治体などに損害賠償の責任があるが、多くは「損害額の確定が難しい」などの理由で請求していない。全国的にも同様の傾向とみられ、談合防止に向けた自治体や省庁の取り組みの鈍さが明らかになった。(中略)
> 　発注元は厚生労働、文部科学、郵政(当時)、国土交通の4省と、大阪、兵庫、和歌山の3府県、大阪市や神戸市など23市町など延べ35機関。このうち、4省を含め約8割の29機関が、損害賠償を求めるための業者との話し合いや提訴をしていない。
> 　文科省は約2億6000万円、厚労省は約2億円の契約が談合と認定された。しかし両省は、業者が公取委に事実関係を認めているのに「損害額が算定できない」として請求していない。契約が約700万円だった郵政公社も「省の時代から業者に請求した例はないのではないか」と説明。国交省は「損害額を確認中」と答えた。
> 　地方自治体でも、契約額167億円の和歌山県と13億円の同県那智勝浦町が「被害額の認定の仕方が分からない」との理由で賠償請求していない。兵庫県西宮市は「訴訟に伴う労力や金額を考慮した」と説明した。

　また、同じく毎日新聞によれば、2003年1月に施行されたばかりの官製談合防止法の全国で初めて適用され

た北海道の岩見沢市では、内部調査委が前市長の関与を認める報告を出し、官製談合にかかわった職員21人が処分され、さらに業者91社が総額で5億2000万円の課徴金納付命令が出されたことから、前市長への損害賠償を請求すべきだという市民の声が高まり、また官製談合防止法が損害賠償を求めるように定めていることから、調査委を設置して検討した。調査委は、2005年3月22日に、(1) 一部の工事で、設計単価の見積もり査定が不適切に低いこと、(2) 同市の規定にある、小規模工事への「前払い補正（増額）」が行われていないこと、(3) 工事の3割強で、設計金額から減額して入札予定価格を決める「歩切り」があり、いずれも正当な根拠は認められないこと、(4) 工事につきものの「設計変更」が全体の9割以上で行われておらず、追加費用の「踏み倒し」が推定される、という4つの理由を挙げ、「すべての工事で、予定価格の1割前後の不適切な減額が行われていたと判断」し、同防止法が定める「官庁側の損害」はなかった、という調査結果を発表した。要するに、低い金額で工事をさせたので、市に損害はない、というものである。

　この事件を取材した記者から筆者もコメントを求められ、「今回の官製談合で、公的立場にあった人たちがその責任に応じて反省を求められるのは当然。損害がなかったからといって、うやむやにするのは間違い」というコメントが掲載されたが、追加していうなら、損害というのは金額での損害だけでなく、官製談合適用第1号という汚名を着せられた岩見沢市として損害がないということはあり得ないのではないだろうか。談合の張本人である前市長に対して損害賠償を請求し、談合事件をしっかりと反省する必要があるのではないだろうか。

> **岩見沢市の官製談合問題をめぐる動き**
>
> 〈2002年〉
> 5・21　公正取引委員会が「岩見沢市発注の公共工事で談合の疑いがある」として、独禁法違反で業者約20社と同市役所を立ち入り検査。能勢邦之市長（当時）は官製談合を否定
> 5・24　岩見沢建設協会事務局長（当時）が談合の誘導認める
> 6・14　同市の内部調査委が「市建設部の職員が、予定価格を建設協会に伝えていた」と中間報告。市の組織的関与は否定
> 7・11　公取委が同市役所に2度目の立ち入り検査
> 10・6　同市長選で、談合問題の再調査を掲げた渡辺孝一氏が初当選
> 〈2003年〉
> 1・29　同市の新たな内部調査委が、初めて官製談合を認める中間報告
> 1・30　公取委が同市に対し、全国で初めて官製談合防止法を適用
> 2・13　内部調査委、初めて能勢前市長の関与を認める報告
> 4・30　能勢前市長、同市議会審査会で談合への関与を全面否定
> 6・10　内部調査委「前市長の関与は否定できない」との最終報告と、談合防止マニュアル作成などを定めた改善措置を発表
> 同　　同市が渡辺市長ら三役と職員の計21人の処分を発表
> 〈2004年〉
> 2・9　公取委が業者91社に対し、総額5億2094万円の課徴金納付命令を発表
> 6・30　同市が公取委から返還された談合資料を公開
> （毎日新聞2005年3月27日、地方版／北海道）

13 政官業の鉄のトライアングル

　この岩見沢市の例でも、行政側の消極的な傾向がみられるのであるが、それはなぜなのだろうか。業者側の贈賄行為や天下り先の確保などもその要素ではあろうが、さらにその根底には業者間の公正な競争などよりも、事業計画の滞りない実施を優先したい「事なかれ主義」の意図があるのではないだろうか。事業は計画どおりに進んで当たり前、入札の不調などで予定が遅れたりすれば担当者のマイナス評価につながるとなれば、自分の地位

を保全するために不正にも目をつぶる「お役人意識」が生まれても不思議ではない。

　これらに加え、政治家の介入という要素もある。行政にとって政治家は、味方にしておけば法律作りや予算獲得の支援をしてくれるという点で、利用価値のある存在であり、政治家には「恩を売っておきたい」という意図が働く。他方、政治家はそこを利用して、予定価格などの情報提供や、指名獲得への働きかけを行う。さらにその原動力になっているのは、業者側からの贈賄、選挙時の選挙運動への協力、票の取りまとめといった見返りである。こうして政・官・業のいわゆる「鉄のトライアングル」の構図ができあがる（図表3参照）。

図表3　鉄のトライアングル

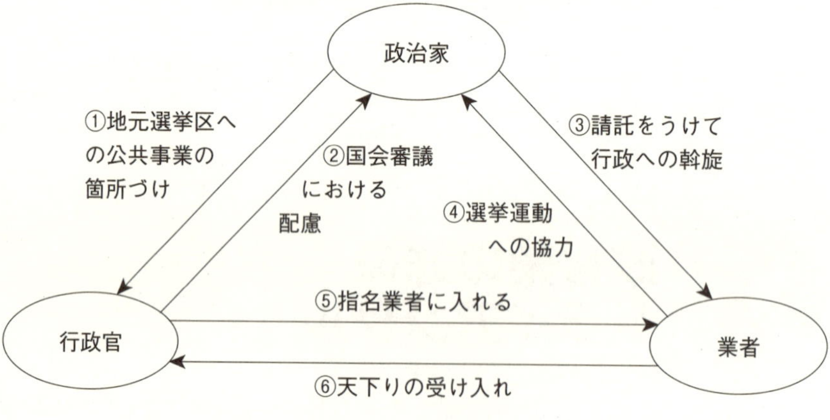

```
                    政治家
        ①地元選挙区へ  ②国会審議    ③請託をうけて
        の公共事業の   における    行政への斡旋
        箇所づけ      配慮
                     ④選挙運動
                     への協力
                ⑤指名業者に入れる
        行政官                      業者
                ⑥天下りの受け入れ
```

　たとえば、政治家と行政官の関係では、行政官が①地元選挙区への公共事業の箇所づけを行えば、その見返りに政治家が②国会審議における配慮を行う。政治家と業者の関係では、政治家が③請託を受けて行政への斡旋を行い、その見返りに業者が④選挙運動に協力する。行政官と業者の関係では、⑤指名業者に入れるという便宜を行政官が図れば、その見返りに業者が⑥天下りを受け入

れるのである。談合はこの3者すべてに利益をもたらすものであるため、その一角を取り締まるだけでは、根絶は困難といえよう。

　しかし、ここで再び思い起こすべきことは、この三角形の中で循環して無駄に消費されてゆくものは、国民1人ひとりが払った税金だということである。特に昨今の財政危機、将来の税収不足、その先にある超高齢社会といった状況の中で、このような巨大なムダ遣いが黙認されていいはずがない。

┌─コラム①　ゼネコン汚職事件─

　ゼネコン汚職事件は、「政界のドン」と目されていた故・金丸信が巨額の脱税容疑で逮捕された「金丸事件」にその端を発する。

　1993年3月、東京佐川急便の違法献金疑惑の再捜査を進めていた東京地検特捜部は、金丸信・前自民党副総裁と、生原（ハイバラ）正久元秘書を脱税容疑で逮捕した。政治献金とみられる収入を申告せず、無記名の割引金融債を購入するなどの方法で簿外資産として隠し、所得税約4億円を脱税したという容疑であった。そしてこの時に押収された資料によって、ゼネコン各社から国会議員や地方政界に多額の闇献金が流入している実態が判明し、翌年にかけて前建設相・中村喜四郎、茨城県知事・竹内藤男、宮城県知事・本間俊太郎、仙台市長・石井亨らが収賄容疑で、ハザマ会長・社長、清水建設会長・副社長、大成建設副社長、鹿島建設副社長など建設6社の責任者が贈賄容疑で逮捕されるなど、事件は全国的な広がりを持つ汚職事件へと発展した。最終的にはこの事件で32人が逮捕、起訴されている。

　こうした流れを受け、93年6月には当時の宮沢内閣に対し野党が不信任案を提出、自民党の一部議員もこれに同調して不信任案は可決され、衆院は解散した。折からの政界再編、新党ブームの動きもあって、自民党は7月の総選挙で過半数割れとなり、政

権を日本新党の細川護熙代表を首相とする連立内閣へと明け渡すことになった。38年間に及んだ自民党一党支配に終止符が打たれた、いわゆる「55年体制崩壊」である。

一連の事件の中で、談合組織と中央政界とのつながりも明るみに出た。それが「埼玉土曜会事件」である。

金丸逮捕の前年の5月、公正取引委員会は、ダム工事など総額約810億円の公共工事で談合を繰り返していたとして、談合組織「埼玉土曜会」の会員の66社に独禁法違反で排除勧告を出した。鹿島建設などを中心とした埼玉土曜会側は、公正取引委員会による検察への刑事告発を回避すべく、政治家への働きかけを行うことにした。

当時金丸の秘書だった生原正久が、裁判での証言に先立ち、弁護士宛に送った確認書が公開されているが、その内容を読むと、政治の舞台裏で行われた取引の実態がよく分かる。生原はその確認書のなかで、「金丸に対する建設業界からの依頼について」という項目で、「土曜会事件が起きてからも、大手の建設会社個々との接触は頻繁であり、その際に、建設業界として、あるいはその会社の立場から、金丸に対して土曜会事件での告発回避を依頼したり、その見通し、状況を聞いていたことは間違いなく、私もその対応に度々立ち会っております。その理由は、建設業界や大手の会社が土曜会事件を放置、傍観しているはずなく、その対応を依頼する政治家としては、当時、業界から金丸が最も信頼されていたからです。私は、金丸が土曜会事件への対応については、業界の要望に応えるべく政治的生命をかけていると感じ取っておりました」と述べている。

そして生原は、金丸が「土曜会事件が告発された場合は、日本中の建設業界が大混乱に陥り、指名停止等を受けることにより景気回復にも重大な支障が起きる」という認識を持ち、何としても告発を押さえ込むため、高齢を押して当時の宮沢総理からの自民党副総裁への就任依頼をあえて受け、政界での影響力をさらに強

めようとしていたこと、中村喜四郎元建設相とも協調して、当時公取委の委員長であった梅沢節男に告発回避への働きかけを行っていた実態を綴っている。中村はこの事件で、鹿島から1000万円の賄賂を受け取ったとされ、実刑判決を受けた。

　確かに日本の政治の流れを変えた事件ではあったが、結果的に埼玉土曜会への刑事告発は見送られた。当時の公正取引委員会の梅沢委員長は「中村代議士の圧力で見送ったのではなく、検察当局と公正取引委員会の協議の上で決められた」と発言している。またこの事件での中央政界からの逮捕者は、中村1人にとどまった。恐らく、中心人物であった金丸の死去（96年3月）とともに、闇に葬られた事実も多々あったものと思われる。談合社会が政界にも深く根をおろし、その排除は容易ではない実態を垣間見せた事件だったと言えよう。

⑭「指名」の不透明さ

　　　指名競争入札は、行政側が一方的に業者を指名して入札を行う方式であり、この点こそ不特定多数が参加できる一般競争入札との違いだが、この「指名」について不透明な点が多いことが、問題の根源のひとつといえるだろう。

　　　地方自治法施行令167条で規定されているケースに適合するときにのみ、指名競争入札が行えるわけだが、現実には同政令の条文は、それを適用する各自治体による裁量の余地を幅広く認めたものになっている。すなわち、この政令自体には客観的な基準は盛り込まれていないため、業者を指名するかどうかの基準は各自治体の、具体的には担当者の意向しだいということになる。

一方で行政と契約を結びたい、仕事をもらいたい業者側にとってみれば、「指名」をもらえるか否かは死活問題である。業者にとって行政からの仕事はそれだけ「うまみ」があるということなのだ。具体的には、次のような利点が考えられよう。

・行政からの仕事を請け負っているということで、一般的な知名度・信頼度があがる
・行政からの仕事は景気による増減が少ないので、不況時の支えとなる
・発注者としての行政には、倒産の心配がない

　そこで業者側は指名を獲得するために、合法、違法を問わずあらゆる手段に訴えることになる。よく問題になっているのが、官庁に影響力をもつ政治家が、業者からの依頼を受けて、指名に入れるように働きかけるいわゆる「口利き」行為である。不正なカネのからむ行為であることは、いうまでもない。

　また、「天下り」の問題もよく指摘されるところだ。業者側が官庁職員OBの再就職の受け皿となることで、官庁とのパイプを確保する、という構図である。

　政治家や天下りOBは、指名獲得のみならず、本来秘密であるはずの行政側の発注内容に関する情報を横流しすることで、業者側の談合を助長しているという指摘もある。

15 談合防止の取り組み ——入札契約適正化法

　入札契約適正化法は、正式には「公共工事の入札および契約の適正化に関する法律」という名称であり、2000年11月に国会で成立、2001年2月から施行されて

いる。
　この法の第3条に、適正化の基本となるべき4項目の事項が示されている。
・透明性の確保
　　入札や契約の過程、契約の内容についての透明性が確保されること
・公正な競争の促進
　　入札に参加しようとする者、または契約の相手方になろうとする者の間の公正な競争を促進すること
・不正行為の排除
　　入札及び契約から、談合などの不正行為を排除していくこと
・公共工事の適正な施工の確保
　　契約された工事の施工が、適正なものとなるようにすること

　そしてこれらの達成のために、国や自治体、特殊法人等に対し各種の情報公開を義務づけている。具体的には、毎年度、当該年度の公共工事の発注の見通し、入札者と入札金額、落札者と落札金額、入札契約の過程、工事の契約の内容などである。また談合など不正が行われた際の公正取引委員会への通知、一括下請（いわゆる「丸投げ」）の禁止、工事の受注者への施工体制台帳提出も義務づけられている。この法の制定によって、入札関係情報の公開は確かに進んだといえるが、談合などの不正行為が減ったという印象はない。

16 官製談合防止法

　官製談合防止法は、文字どおり官の側から業者への談

合勧奨を防ぐ目的で作られたものであり、正式には「入札談合等関与行為の排除及び防止に関する法律」という。

　この法律では、国や自治体の職員が、業者や業者の団体に談合を行うよう明示的に指示したり、落札者をあらかじめ指名するような意向を表明したり、予定価格などの秘密情報を漏らしたりすることを禁じている。また公正取引委員会がこうした関与行為を探知したときには、各省各庁の長等に対して、関与行為を排除するために必要な是正措置を要求し、さらに調査の実施、必要な措置の検討、調査結果の公表などを求めることができる。加えてその求めに応じて各省各庁の長は、関与行為を行った職員に対し、損害があった場合には損害賠償請求を行い、また懲戒事由の調査などを行わなければならないという内容となっている。

　これらの法律が相次いで成立したことにより、談合の蔓延にある程度歯止めをかけられるのではないかと期待されているが、実際にはまだまだ実効性が低く、決定的な対策とはなっていない。なぜ実効性をもたないかについてはさまざまな要因が考えられるが、最たるものはやはりペナルティが弱いということであろう。これら2つの法律には対応する刑法上の罰則規定がまだない。官製談合防止法にしても、公正取引委員会は各省各庁に対して「改善措置を要求」し、行政側がそれを受けて必要な調査、処分を行うことになっている。すなわち現実には、行政側が重い腰を上げなければ何も起こらないということだが、行政側の腰が重いことはすでに見てきたとおりである。

17 横須賀市における入札改革

　国・自治体ともに腰の重さが目立つ中で、自治体が独自に談合の防止に取り組み、成果をあげるケースも出てきている。神奈川県横須賀市では99年4月以降、指名競争入札の全廃に踏み切った。以前は工事規模に応じ、7～10社を市が選ぶ指名競争入札が入札の約7割を占めていたが、入札率の高止まりや、談合情報に対応するため、すべての入札を経営事項審査の客観点などの資格要件を満たせば何社でも入札に参加できる「条件付き一般競争入札」に一本化したのである。

　この結果、新規参入業者や下請業者が直接入札に参加できるようになり、入札参加者が激増した。条件付き一般競争入札の全面導入以降は、1件当たりの参加業者数は平均22.6社に増えている。そして平均落札率は1997（平成9）年度では95.7％だったのが、2001（平成13）年度では84.8％と、着実な低下傾向を見せている（図表4参照）。そして年間10件前後あった談合情報も、99年度以降はゼロという。

　この入札制度改革以降、市が予定価格の85％程度に設定している最低制限価格に近い金額で落札されるケースが多くなり、2000年度の入札差金（設計価格から落札価格を引いた金額）は、97年度より約30億円も増え、42億円に達している。同市の行政改革推進計画による縮減効果額（99年度約9億円、2000年度10数億円）と比較しても、経費削減効果は大きい。同市では設計価格との差額で浮いた予算のうち、3分の2を占める補助事業分は関連工事の前倒しや追加工事として復活さ

せて地元業者に発注し、残る単独事業分は基金に積み立てて福祉事業などの財源に充てるという。

　入札参加業者数の増加により、そもそも談合がしづらい状況になったわけだが、横須賀市では加えて談合行為そのものへの対策にも力を入れている。業者同士が顔を合わせない環境作りのため、99年度からインターネットを利用した入札システムを段階的に導入している。発注情報の提供、業者登録、参加申請は市のホームページ上で行われ、業者は市内のコピー店に置かれた設計図書を購入し、入札書は郵送する仕組みになっている。コピー店は工事ごとに変更され、入札書は郵便局留めで市職員は開札まで見られないようになっている。業者同士の「顔合わせ」を念入りに阻止している同市の姿勢が見てとれる。

　このようなシステムの導入により、制度改革以降の参加業者の大幅な増加にもかかわらず、窓口対応業務の煩雑化などもなく、かえって事務の効率化が進んだとい

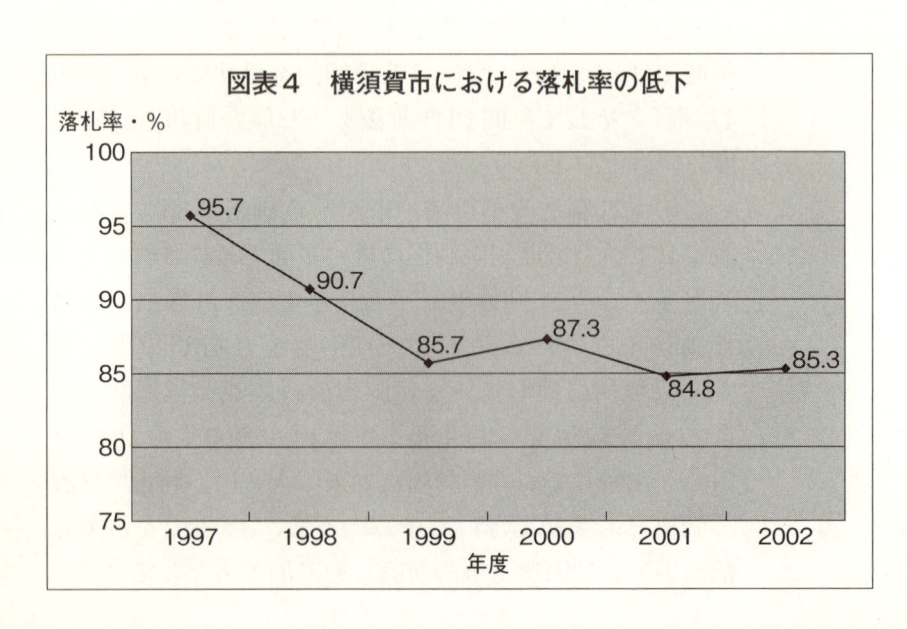

図表4　横須賀市における落札率の低下

落札率・%

年度	落札率
1997	95.7
1998	90.7
1999	85.7
2000	87.3
2001	84.8
2002	85.3

図表5　横須賀市における入札差金の推移

年度	設計金額（億円）	落札率	入札差金（億円）
1997	306	95.7%	13.2
1998	327	90.7%	30.2
1999	224	85.7%	30.2
2000	331	87.3%	41.8
2001	197	84.8%	30
2002	217	85.3%	31.9

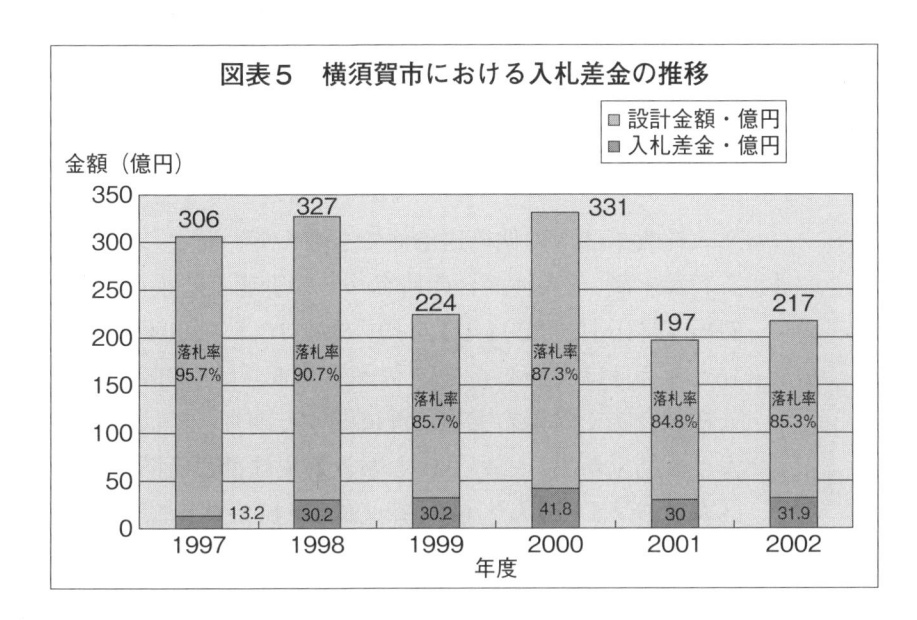

う。

　設計価格も事前公表しているが、最低制限価格は、開札日に立会人3名によるくじ引きで決まる。

　さらに同市は、安値落札による工事の質の低下や「丸投げ」を防止するため、工事検査体制を強化し、元請け業者に3次までの下請け先とそれぞれの下請け代金の届け出を求め、現場の抜き打ち検査を実施している。また工事成績の良い業者を「優良業者」としてネット上で公表するとともに、小規模工事を随意契約するなどの優遇措置を設けている。逆に一定の評価に達しない工事を続けた業者は「不良業者」として、半年間の指名停止措置になる。

18 自治体におけるその他の入札改革

　入札改革はその他の自治体でも進んでいるところがある。鈴木満、『入札談合の研究―その実態と防止策』(第2版、信山社、2004年12月)によれば、2004(平成16)年2月に実施したアンケート調査、「地方自治体の入札談合防止対策の実施状況に関する調査」では、次のような結果が出たという。なお、対象は都道府県、特別区および人口10万人超の市(計296自治体)で、回収は227自治体、回収率は76.7%であったという。

　改革の内容としては、図表6に示されているように、予定価格の事前公開、新たな入札制度の導入(たとえば受注希望型指名競争、これは受注を希望する事業者であ

図表6　自治体が実施した入札制度改革の内容（16年調査）

	都道府県・政令市		10万人超の市区		計	
予定価格の事前公表	38団体	79.2%	101団体	67.3%	139団体	70.2%
新たな入札制度の導入	14団体	29.2%	56団体	37.3%	70団体	35.4%
一般競争入札の拡大	19団体	39.6%	51団体	34.0%	70団体	35.4%
郵便入札の導入	8団体	16.7%	40団体	26.7%	48団体	24.2%
ランク制の見直し	12団体	25.0%	22団体	14.7%	34団体	17.2%
電子入札の導入	6団体	12.5%	6団体	4.0%	12団体	6.1%
その他	24団体	50.0%	54団体	36.0%	78団体	39.4%
回答計	48団体	100.0%	150団体	100.0%	198団体	100.0%

（注1）　複数回答可なので、合計は100%を超える。
（注2）　郵便入札は、入札参加者が入札書類を郵便局止め又は配達期日指定で郵送する方式に限定し、入札書類が発注官庁に通常の方法で配達される方式のものは(入札時点で誰が参加したかが分かるので)郵便入札には含めていない。

れば参加できるので一般競争入札と同じ)、郵便入札の導入、ランク制の見直し、電子入札の導入、その他の7項目である。

またその改革の結果、落札率はどうなったのかについての回答が図表7である。

図表7　入札制度改革の落札率への影響（16年調査）

	都道府県・政令都市	10万人超の市区	計
落札率が大幅に低下した	6（12.5%）	34（22.7%）	40（20.2%）
落札率がやや低下した	24（50.0%）	51（34.0%）	75（37.9%）
落札率の変化は見られない	7（14.6%）	38（25.3%）	45（22.7%）
落札率がやや上昇した	0（—）	14（9.3%）	14（7.1%）
その他	8（16.7%）	14（9.3%）	22（11.1%）
回答計	48（100.0%）	150（100.0%）	198（100.0%）

（注1）調査表では「大幅」を定義しなかったため、落札率を5％以上低下している場合でも「やや低下」と答えた自治体もあった。このため落札率を5％以上低下させた場合を「大幅に低下」と定義し、再集計した。
（注2）3年以内に実施した入札制度改革の影響について回答を求めたため、それ以前に改革を実施した自治体は、調査期間内には「落札率に変化は見られない」と答えている場合がある。しかし、改革により落札率を大幅に低下させた実績がある場合は（3年以上前のことであっても）「大幅に低下」に含めた。
（注3）「その他」は、「実施して間もないので分からない」や「調査をしていないので分からない」などである。

⑲　入札改革の類型

このような自治体における改革を整理してみると、次のような3点に分類できると考えられる。すなわち①競争性を高める方策、②透明性を高める方策、③不正行為

を防止しようとする方策である。

①競争性を高める方策として、入札に参加する業者数を多くすれば、談合がしにくいと考えられることから、電子入札や郵便入札が導入された。また、指名競争を止めて一般競争を拡大していくことや、指名競争の場合でも指名業者を増やすなどの方法が採られている。さらに、ランク制を廃止したり、登録工種の制限を緩和・撤廃したり、また入札参加資格を地域外業者に拡大するなどの方法がある。

橋梁談合については、電子入札でも談合を防止できなかったことが報道されたが（読売新聞、2005年6月19日）、Aランクの業者がすべて談合組織に加わっていたことがその原因である。事業者の多い領域ではすべての入札参加者が談合に加わることは困難であることから、一定程度は機能すると考えられる。

②透明性の向上を図るものとして、入札契約適正化法による入札情報の公開が大きな意味をもった。従来公表されていなかった入札関係情報がホームページで公開されるようになった。また、予定価格・最低制限価格を公表したり、第三者機関である入札監視委員会の機能を強化したり、苦情処理手続きを導入したり、さらに低入札価格調査制度・最低制限価格を導入したり、工事内訳書の提出を求めたりなどの方法が模索されている。

予定価格の公開は高止まりを助長するというマイナス面が指摘されることもあるが、予定価格自体を秘密にすることから派生する問題をなくすことはできる。また、最低価格の公表についても、最低価格で応札する業者が増え、ダンピングのような状況が生じさせ、くじ引きによる決定が増えてしまった。このような状況では、予定価格そのものについて、改善する余地がある。すなわ

ち、予定価格の上限性に関する問題や予定価格の適切性を高めるための努力等である。

　③不正行為を防止しようとする方策として、制裁としての指名停止期間を延長したり、損害賠償を請求したり、不正な行為が発覚した場合には損害賠償金を請求することができる条項を契約書に書き込んだり、談合情報の窓口を設置し、談合情報への対応方法をマニュアル化したり、手抜き工事や「丸投げ」防止の監督・検査体制を強化したり、市職員と業者の接触を制限したりするなどの方法が試みられている。

　自治体の入札改革における方向性のポイントは、競争化であるといえるが、競争化を進めるだけでは、解決できない問題がある。たとえば、上述した橋梁談合の場合のように電子入札でも談合が行われたことや、最低価格の業者が多数出てくじ引きで落札者を決定する事態が発生していること、ダンピングのような過剰な競争が生じていることなどである。

　ではどうすればよいのであろうか。それが本書の提案である「政策入札」の導入である。詳しくは次章において展開したい。

第2章　総合評価型入札

1　総合評価型入札とは何か

1　総合評価方式の導入

　入札という手続きは、予定価格（上限価格）と最低制限価格の間にあって、もっとも安い金額を提示したものを自動的に落札者として決めるという手続きであるため、自動落札方式と呼ばれているが、この方法の前提として、価格が絶対視されていると指摘することができよう。すなわち、価格主義の入札制度ということができる。それに対して、総合評価方式とは、価格以外の要素も含めた総合的な観点から判断して、契約相手を選択するという方式である。価格相対主義の入札制度と言ってもよい。では、いつから、価格以外の要素を考慮してもよいということになったのであろうか。

　最初に法令に明確に規定されたのは、1999年2月の地方自治法施行令の改正であった。そこには次のように規定されているが、「総合評価一般競争入札」という方式が導入されたのである。

　この中で、「価格その他の条件が当該普通地方公共団体にとって最も有利なもの」と規定されているように、価格以外の要素を考慮しつつ、自治体にとって総合的な観点から最も有利なものを評価し、選択するということから、総合評価と名づけられたものと思われる。

逆にいえば、この政令で価格以外の要素を考慮することができると規定されるまでは、価格以外の要素を落札の条件にすることができなかったのである。しかしながら厳密にいうと、価格以外の要素を考慮することがなかったわけではない。例えば、コンペ方式とかプロポーザル方式と呼ばれる方法は、もっともよい設計案や設計者を提案事項から審査・評価して選択した後、随意契約として契約を結ぶ方式であり、価格は二次的な要素である。ここでは、価格以外の要素が重要な判断基準として用いられていた。ところが、一般競争入札という方式を採用した上で、価格以外の要素を考慮することは、「他事考慮」として禁止されていた。それが、この地方自治法施行令の改正によって、一般競争入札に総合評価方式が導入され、「総合評価一般競争入札」と名づけられた。ちなみに、指名競争入札にも導入され、「総合評価指名競争入札」とされた。

地方自治法施行令167条の10の2

1 普通地方公共団体の長は、一般競争入札により当該普通地方公共団体の支出の原因となる契約を締結しようとする場合において、当該契約がその性質又は目的から地方自治法第234条第3項本文又は前条の規定により難いものであるときは、これらの規定にかかわらず、予定価格の制限の範囲内の価格をもつて申込みをした者のうち、価格その他の条件が当該普通地方公共団体にとって最も有利なものをもって申込みをした者を落札者とすることができる。

2 省略

3 普通地方公共団体の長は、前2項の規定により落札者を決定する一般競争入札(以下「総合評価一般競争入札」という。)を行おうとするときは、あらかじめ、当該総合評価一般競争入札に係る申込みのうち価格その他の条件が当該普通地方公共団体にとって最も有利なものを決定するための基準(以下「落札者決定基準」という。)を定めなければならない。

4 普通地方公共団体の長は、総合評価一般競争入札を行おうとするとき、総合評価一般競争入札において落札者を決定しようとするとき、又は落札者決定基準を定めようとするときは、総務省令で定めるところにより、あらかじめ、学識経験を有する者の意見を聴かなければならない。

> 5　普通地方公共団体の長は、総合評価一般競争入札を行おうとする場合において、当該契約について第167条の6第1項の規定により公告をするときは、同項の規定により公告をしなければならない事項及び同条第2項の規定により明らかにしておかなければならない事項のほか、総合評価一般競争入札の方法による旨及び当該総合評価一般競争入札に係る落札者決定基準についても、公告をしなければならない。

　国については、先にもふれた1992（平成4）年の中央建設業審議会の答申の中で、「技術提案の内容を加味し選定を行う入札方式（技術提案総合評価方式）」が検討すべき方法として提案された。その後、1998（平成10）年3月に「規制緩和推進三ヵ年計画」（閣議決定）のなかで、1998年度中に総合評価方式の導入を図るべきことが盛り込まれ、部分的に総合評価方式での入札が行われたが、その後公共工事発注機関と大蔵大臣（現財務大臣）との協議が行われ、「工事に関する入札に係る総合評価落札方式について」が通知された。そして、「工事に関する入札に係る総合評価落札方式の標準ガイドライン」（2000年9月20日通達）が作成され、それに基づいて実施されている。

　自治体の総合評価に話を戻すと、地方自治法の改正ではなく、地方自治法施行令の改正で総合評価方式が可能となったとなると、地方自治法はそもそも総合評価方式を許容していたということになる。地方自治法が禁止していることを施行令で禁止を解除できるはずがないので、そう解釈できるわけだが、であるなら、総合評価を許容していた地方自治法の精神に従って、自治体が独自に条例や規則で総合評価方式を導入することができるということになる。理論的にはそうなるが、すでに施行令改正で総合評価が可能であることから、施行令を活用して総合評価方式を進めることが可能である。

　では、誰がその他の条件を決めるのであろうか。それ

は第3項で示されているように、その条件を決めるのは各自治体の長ということになる。すなわち価格以外の基準については、各自治体の長が入札の前にあらかじめ決めておかなければならない。そしてこれにつづく第4項では、落札者決定基準を定めようとするときには、学識経験者の意見を聞くことが義務づけられている。そして第5項では、落札者決定基準を含めた必要事項の公告について規定されている。

2 総合評価型入札のメリット

　購入する商品を価格のみで判断することがいかに不自然かということは、私たちの日常生活での買い物行動を思いおこしてみてもわかることである。普段買い物をするとき、私たちはとにかく他の商品より1円でも安い商品ばかりを買おうとするだろうか。価格はもちろん非常に重要な要素だが、それ以外の価値、例えば耐久性や使いやすさ、デザインの良さといった点にも目を向け、複数の価値を総合的に判断して商品を選んでいるのではないだろうか。そしてその結果、必ずしも最安値の商品を選ぶとは限らない。たとえ高くてもその商品が自分の生活に必要な価値を備えていると思えば、私たちはその商品を購入するはずだ。

　こうした考え方を入札に取り入れたものが、総合評価型入札である。すなわち、価格と価格以外のいくつかの要素を総合的に評価し、発注者にとって最も有利な者を落札者とする入札方式、それが総合評価型入札である。

　総合評価型入札のメリットとしてまず挙げられるのは、談合に対する防止効果である。価格以外の要素も落札の条件になるということは、もし談合を行おうとしても価格だけの打ち合わせでは済まなくなるため、談合の

「やりやすさ」の側面が大きく殺がれる。理論的に談合が不可能になるわけではないが、総合評価型入札でも実際に談合しようと思えば、評価される複数の要素についていちいち調整し、それらを総合して「本命」業者を決めなければならないことになり、非常に煩雑な話し合いと調整が必要になるだろう。

しかしながら、総合評価だから完全に談合を抑止できるというわけではない。読売新聞の報道によれば、2005年の橋梁談合の際に、総合評価方式が採用され、構造物の耐久性や環境対策などに関する技術提案を含めた総合評価とされ、2003・04年度分の鋼橋工事計166件の入札のうち高度な技術を要する大型工事を中心に、39件でこの方式が採用されたという（読売新聞、2005年6月19日）。

> ところが、関係者によると、談合組織内の調整で落札者に決まった「チャンピオン」は、入札に参加するだけの「サクラ」のメーカー担当者と入札前に開いた会合などで、価格に加えて、技術提案の内容についても協議。橋梁工事では、周辺の交通規制をいかに短時間で済ませるかなどが技術面の主な評価ポイントになっているが、チャンピオンはサクラに対し、「うちは1日4時間でいくので、それより長く」などと求めていたという。チャンピオンが価格と技術内容の両面でサクラを上回るルールが出来上がっていたわけで、業界関係者は、「総合評価落札方式の入札でも、チャンピオンが確実に落札できるよう、二重の"保険"をかけていた」と指摘している。
>
> その結果、39件の入札のうち、談合組織のK会（17社）とA会（30社）に加わるメーカーが落札した36件の落札率（予定価格に占める落札価格の割合）は、平均94.5％に上っていた。また、適正な競争が行われていれば、最高の技術評価を受けた業者が最低価格で入札した業者に代わって落札する「逆転現象」が起きることもあるが、3地方整備局によると、こうしたケースは1件もなかった。
>
> 談合を防げなかったことに加え、同方式による競争も形がい化していたことについて、国交省は「メーカーから示された技術提案書は一定の水準を満たしており、談合を見抜くのは困難だった」としている。

橋梁談合のように、主要メーカーのほとんどが参加していたという巨大な談合の場合には、技術提案という総

合評価では談合を防ぐことはできなかったようだ。総合評価の内容を工夫すれば、談合を防ぐことには役立つのではないだろうか。

　また、ダンピングの問題への対応としても、総合評価型入札は有効である。次の実例で紹介するように、価格点と非価格点の配点を最近では半々にしている競争入札もあり、ダンピングして価格を低くしても総合得点は高くならず、結果として落札できないため、非価格点の競争に移っていくことになるだろう。

3 総合評価型入札の実例①

　総合評価型入札の実例は増えてきたといえるが、契約全体の中で占める比率はまだまだ少ないのが実態である。そうした中で、比較的早い時期に総合評価が行われたものとして、神奈川県の県立近代美術館新館等特定事業をあげることができる。この事業は、2000年7月に実施方針が策定され、同年9月にはPFI事業の総合評価方式で実施することが決定され、その後11月にはその入札公告が行われ、そして2001年7月に契約が成立したという事例である。PFI事業は、2006年5月現在で232件の事例があり、その内訳は自治体の事業が174件、国が30件、特殊法人その他の公共法人が28件となっている。神奈川県の事例は、すでに選定事業者によるサービスの提供が開始された事業の115件の中でも6番目となる事業であり、初期の総合評価としてみておくべき事例ではないかと考えている。

　神奈川県では、近代美術館の葉山新館の建築と、鎌倉の本館もあわせての施設の維持管理、その他の業務をPFI方式で行うこととし（PFIについてはコラム②参照）、その事業者の選定を総合評価一般競争入札方式で

行った。

　このケースでは加算方式による総合評価型入札が行われている。これは価格を含めた各要素に、その重要度に応じたポイントを配点し、入札参加者ごとに各要素を採点、その合計点が最も高かったものが落札者となるという方式である[注*]。落札者決定のための個別の審査項目と得点配分は次のとおりである。

[注*]　総合評価型入札の計算方法には、今のところ2種類の方式がある。ひとつはここで紹介した加算方式（総合評価点＝技術点＋価格点）であり、もうひとつは評価値として価格対性能の比を求め、その値を比較して落札者を決定するという除算方式（総合評価点＝技術点／入札価格）である。
　国土交通省の除算方式は次のような方法である。（国土交通省国土技術政策総合研究所、「公共工事における総合評価落札方式の手引き・事例集（改訂第2集案）」、平成15年7月）
（ア）技術提案として入札者から提示された性能、機能、技術等の「価格以外の要素」を点数として評価
（イ）性能等の向上に応じた必要コストを考慮
（ウ）技術提案として提示された性能等に対する得点と、コストの比で提案の優劣を評価することにより、価格と価格以外の要素を総合評価して、最も優れた提案をした者を落札者として選定する。具体的には、次式で示す評価値の最も高い者が落札者となる。
評価値＝得点／コスト
　また加算方式は、神奈川県の方式以外にもいろいろとあるが、経産省が情報システムの入札に導入した加算方式は、次のような計算方式に基づいて総合評価点を出す。（経済産業省、「加算方式による総合評価落札方式の導入について（情報システムに係る政府調達制度の見直し）」平成14年7月）
（ア）技術点と価格点の配分
　　技術点の配分　対　価格点の配分　＝　1対1　とする。
（イ）価格点の評価方法
　　価格点　＝　価格点の配分×（1－入札価格／予定価格）　とする。
（ウ）総合評価の方法
　　総合評価点　＝　技術点＋価格点　とする。

①サービスの対価の総額……85点

　該当する業務全体の価格について、最低価格をつけた業者に満点の85点を与え、その他の業者には最低価格を基準に、そこからどれだけ価格が高くなっているかによって減点し、順位をつけている。ここでは西松建設が1位となっている。すなわち価格のみを基準とする従来の入札方式ならば、西松建設が落札していたことになる。

②事業の安全性……5点

　長期安定性の実現、維持管理中のリスクへの対応、破綻時の対応、事業の継続性について7項目で審査し、各項目0.714点（満点で5点）を配点している。

③美術館（施設・業務）の価値及びサービス水準の向上並びに周辺環境への配慮……7点

　美術館の利便性、建物のデザイン、周辺環境への配慮について5項目をABCの3段階で審査し、A（特に優れている）は満点の1.4点、B（優れている）は半分の0.7点、C（優れているとはいえない）は0点として計算している。

④喫茶・レストラン、ミュージアムショップ、駐車場の運営内容の向上……3点

　美術館の附帯施設の運営に関する項目である。経営安定性の実現、業務内容、美術館との調和について8項目、3段階で審査している。ABCについての考え方は③と同じであるが、配点は異なり、Aは0.375点、Bは0.186点、Cは0点とされている。

　表を見ればわかるとおり、入札結果は最低価格をつけた西松建設ではなく、入札額では2位だった伊藤忠商事美術館PFIグループが落札している。対価の総額以外の3項目で高得点を得た結果、価格要素での得点差を挽

図表8　神奈川県立近代美術館新館（仮称）等特定事業落札者決定書

	審査項目			入札者（グループ名）		サザンクロスグループ
基礎審査	維持管理・美術館支援業務の内容確認			業務提案書が、業務要求水準を満たしているか。		○
	事業シミュレーション内容の確認			入札価格が、入札説明書の前提条件を正確に反映しているか。計算方法に誤りがないか。		○
	事業遂行能力の確認			代表会社及び建設会社・その他上場企業の資力・信用力・債務返済能力・代替信用補完措置		○
	基礎審査の可否のまとめ					○

	審査項目			入札者（グループ名）		サザンクロスグループ
定量的審査	①サービスの対価の総額（配点85点）		入札額（円）			14,460,000,000
			得点（85点満点）			68.08
			順位			7位
			1位との点差			16.92
	②事業の安全性（配点5点）	ア	長期安定性の実現	省略		省略
		イ	維持管理中のリスクへの対応			
		ウ	破綻時の対応			
		エ	事業の継続性			
			得点（5点満点）			4.28
			順位			5位
	③美術館（施設・業務）の価値及びサービス水準の向上並びに周辺環境への配慮（配点7点）	ア	美術館（施設・業務）の利便性・快適性・機能性の向上	(1) 提案1	C	0.000
				(2) 提案2	C	0.000
				(3) 提案3	B	0.700
		イ	建物内外のトータルデザイン	(4) トータルデザインの工夫	C	0.000
		ウ	周辺環境への配慮	(5) 環境影響の低減	C	0.000
			得点（7点満点）			0.70
			順位			5位
	④喫茶・レストラン、ミュージアムショップ等の運営内容の向上（配点3点）	ア	経営安定性の実現	省略		省略
		イ	業務内容			
		ウ	美術館との調和			
			得点（3点満点）			0.19
			順位			5位
	合計（配点100点）		合計（100点満点）			73.25
			順位			7位
			1位との点差			17.08
	入札結果					―

出典
神奈川県ホームページ　http://www.pref.kanagawa.jp/osirase/zaisan/pfi/kinbi.htm　より作成
なお、本書に掲載できるよう、一部省略した。

三井不動産・大成・東芝グループ	オリックス・グループ	西松建設(株)	伊藤忠商事美術館PFIグループ	竹中工務店グループ	前田建設グループ
○	○	○	○	○	○
○	○	○	○	○	○
○	○	○	○	○	○
○	○	○	○	○	○
三井不動産・大成・東芝グループ	オリックス・グループ	西松建設(株)	伊藤忠商事美術館PFIグループ	竹中工務店グループ	前田建設グループ
13,018,204,000	12,996,349,000	11,581,412,000	12,488,439,000	13,800,013,928	14,195,148,000
75.62	75.75	85.00	78.83	71.33	69.35
4位	3位	1位	2位	5位	6位
9.38	9.25	—	6.17	13.67	15.65
省略	省略	省略	省略	省略	省略
5.00	5.00	3.57	5.00	4.28	5.00
1位	1位	7位	1位	5位	1位
A 1.400	C 0.000	C 0.000	A 1.400	C 0.000	A 1.400
A 1.400	C 0.000	C 0.000	C 0.000	C 0.000	A 1.400
A 1.400	B 0.700	C 0.000	C 0.000	C 0.000	B 0.700
A 1.400	B 0.700	C 0.000	B 0.700	C 0.000	A 1.400
C 0.000	B 0.700	C 0.000	A 1.400	C 0.000	A 1.400
5.60	2.10	0.00	3.50	0.00	6.30
2位	4位	6位	3位	6位	1位
省略	省略	省略	省略	省略	省略
2.63	1.88	0.00	3.00	0.19	2.25
2位	4位	7位	1位	5位	3位
88.85	84.73	88.57	90.33	75.80	82.90
2位	4位	3位	1位	6位	5位
1.48	5.60	1.76	—	14.53	7.43
—	—	—	落札	—	—

第2章　総合評価型入札

回したわけである。すなわち価値の高いものであれば、たとえ価格が最も安くなくても購入しようというのが、総合評価型入札の考え方である。

┌─コラム②　PFI──────────────────
│　PFI（Private Finance Initiative）とは、簡単にいえば民間資金の主導によって効率的に公共施設を作り、運営しようというものである。「民間資金等活用事業」と訳されることが多い。
│　PFIはもともと、イギリスのサッチャー政権によって発案された仕組みである。1980年代までのイギリスは「英国病」といわれたほど経済が低迷し、政府の財政状況も悪化し、公共サービスの質が低下するという問題が生じていた。そこで公共サービスに民間資金を導入して効率化を図るという発想が生まれたのである。その後この構想はメージャー政権へと引き継がれ、1992年から正式に導入された。さらに労働党のブレア政権によっても原則が引き継がれ、PPP（Public Private Partnership）と呼ばれている。
│　PFIの事業形態は、3種類に大きく分けられる。分類はコストの回収方法によるもので、発注者でもある公共団体が費用を支払う場合は「サービス購入型」、施設利用者からの料金徴収でコストを回収する場合は「独立採算型」、公共団体からも利用者からもコストを回収する場合は「ジョイント・ベンチャー型」となる。いずれの場合も、施設の設計・建設・管理・運営は民間事業者が行う。ちなみに、本文で実施例として取り上げた神奈川県の県立美術館事業は、サービス購入型で行われている。
│　イギリスでのPFIの実施が実際にコスト削減効果を上げたことから、各国で導入が図られるようになった。日本では1999（平成11）年にPFI法（正式名称は、「民間資金等の活用による公共施設等の整備等の促進に関する法律」）が成立し、実施が可能になったことから、財政難に悩む多くの自治体が導入を進めている。内閣府のPFI推進委員会のホームページによると、2006年

5月現在、232件の事例があり、その内訳は自治体の事業が174件、国が30件、特殊法人その他の公共法人が28件となっている。自治体のPFI事業数が全体の4分の3を占めており、国でも2002年の衆議院赤坂議員宿舎の整備事業を皮切りに、30件のPFI事業が進められている。

　PFIは事業の効率化をその大前提としているため、導入にあたっては事業を民間に委ねることのメリットを証明しなければならない。このために、PFIは当初から非常に透明性の高い仕組みとなっている。

　またPFIの目的は、コスト削減だけではなく、質の向上にもあるため、事業の評価も価格だけではなく、他の価値も含め複合的な評価が行われる。つまり民間事業者の創意工夫が問われることになり、このことが総合評価型入札の採用につながっていると思われる。

　PFIの導入は今後も拡大を続けると思われるが、その意味合いも今後変化していくであろう。前述のごとく、すでにイギリスでは名称をPFIからPPPに変更し、行政と民間の「協働」という方向性をより強く打ち出している。資金的な面だけでなくノウハウ面での協力ということが、今後の焦点になるものと思われる。筆者はその点ではPFIはPKI（Private Knowledge Initiative）へと発展していくと考えている。民間の知恵を公共サービスに活かしていく、その新しい枠組みとしてPFIを位置づけるべきだろう。

4 総合評価の実例②——大阪府の事例

　大阪府では2003年度より清掃業務を中心とした民間委託の入札について、障害者の雇用を重視した総合評価方式を導入してきた。筆者の提案する社会的価値を取り入れた「政策入札」として、3200万円以上の比較的金

額の大きな委託契約9件について、2005年度までは適用してきた。これらの契約を単年度契約から3年契約に変更したため、事務手続きに余裕ができ、2006年度からは中規模の委託契約にも拡大することとし、大阪府府民センター3施設の総合建物管理委託についても総合評価一般競争入札を行うこととしたという。この総合評価の項目は次のごとくである。

図表9　平成18年度　大阪府府民センター3施設の総合建物管理業務委託にかかる総合評価一般競争入札に関する評価項目、評価点及び評価内容（抄）

評価項目		評価点	評価内容
1 価格評価		50	価格を評価、低入札価格調査基準価格以下の金額で入札を行った者の価格評価点は一律最高点（50点）
2 技術的評価	(1) 研修体制	4 (14)	技術力向上のための研修制度等の設置、①前年度の研修実績（2点）と②契約期間中の研修計画の内容（2点）
	(2) 履行体制	4	適正な履行を確保するための仕様に対応した作業計画表等の確認、①適正な履行を確保するための仕様に対応した作業計画表の確認（2点）、②作業員廃置計画等（1点）、③業務実施体制図等の整備状況（1点）
	(3) 品質保証への取組み	6	①苦情処理体制（2点）についてはISO9001の取得（2点）②自主検査体制（4点）
3 公共性(施策)評価	(1) 就労困難者の雇用に関する取組み	15 (36)	①就職困難者の新規雇用予定者数：障害者・母子家庭・ホームレスに関する支援センターからの紹介者である就職困難者の新規雇用2人以上（15点）と、②就職困難者の雇用実績（5点）の組合せ
	(2) 障害者の雇用に関する取組み	8	①知的障害者の雇用：(a) 知的障害者1人雇用で4点、なしの場合0点、(b) 支援体制の提案の有無及び内容（2点）と今後の取組みの提案の有無及び内容（2点）
		7	②障害者の雇用率：法定率である1.8％達成で7点、なしは0点
	(3) 環境問題への取組み	6	①環境への取組み：ISO取得者が6点、申請中の者が5点、エコアクション21の取得者が5点、申請中の者4点、KESステップ2取得者が5点等、エコステージ（レベル5）取得者が5点等。②再生品の使用：2品目以上利用が2点、1品目が1点③低公害車の導入：グリーン配送適合車での当該業務にかかる資機材の搬入は2点、低公害車の導入率5ポイント以上で1点

評価項目は、大分類で、価格評価（50点）、技術的評価（14点）、公共性評価（36点）の3項目である。まず、価格点であるが、2005年度まで62点を配分していたものを2006年度からは50点に変更された。

技術的評価は、(1) 研修体制（4点）、(2) 履行体制

（4点）、(3) 品質保証への取組み（6点）、の3項目であり、(1) 研修体制は①前年度の研修実績（2点）と②契約期間中の研修計画の内容（2点）を評価する。(2) 履行体制は①適正な履行を確保するための仕様に対応した作業計画表の確認（2点）、②作業員廃置計画等（1点）、③業務実施体制図等の整備状況（1点）となっている。(3) 品質保証への取組みは2項目に分かれ、①苦情処理体制（2点）についてはISO9001の取得（2点）が苦情処理要領（マニュアル等）の内容（2点）を評価し、また②自主検査体制（4点）については自主検査体制の規定の内容（2点）と当該業務における自主検査体制計画書の内容（2点）が評価されることになっている。

第3の公共性評価については、(1) 就業困難者の雇用に関する取組み（15点）、(2) 障害者の雇用に関する取組み（15点）、(3) 環境問題への取組み（6点）、の3項目に分けられている。

(1) 就業困難者の雇用については、障害者・母子家庭・ホームレスに関する支援センターからの紹介者である就職困難者の新規雇用を評価すること（15点）と就職困難者の雇用実績を評価すること（5点）の組み合わせとされている。すなわち、新規に雇用する場合は、2人以上ならば15点、1人ならば10点、既存雇用1人以上で5点などとされ、上限が15点となる。

(2) 障害者の雇用に関する取組みでは、①知的障害者の雇用（8点）、②障害者の雇用率（7点）とされ、①知的障害者の雇用については (a) 知的障害者1人雇用で4点、なしの場合0点、(b) 支援体制の提案の有無及び内容（2点）と今後の取組みの提案の有無及び内容（2点）となっている。②障害者雇用率は、法定率である1.8％達成で7点、なしは0点となる。

最後の(3)環境問題への取組みは、①環境への取組み、②再生品の使用、③低公害車の導入、の3項目に分かれ、①環境への取組みについては、ISO取得者が6点、申請中の者が5点、エコアクション21の取得者が5点、申請中の者4点、KESステップ2取得者が5点等、エコステージ（レベル5）取得者が5点等とされている。また②再生品の使用については、2品目以上利用が2点、1品目が1点と評価される。③低公害車の導入については、グリーン配送適合者での当該業務にかかる資機材の搬入は2点、低公害車の導入率5ポイント以上で1点とされている。これらのポイントは、合計で6点以上となっても、上限が6点とされている。

　この大阪府の方式は、価格点が50点と全体の半分に抑えられている点と、障害者の就業・雇用を重視した総合評価であると要約することができよう。

5　駐車違反取り締まりの民間委託競争入札

　次に事例の3番目としては、2006年6月1日から実施された駐車違反の取り締まり業務の民間委託に関する入札である。新聞報道によれば、総合評価を用いた警察署と用いなかった警察署があったとのことだが、総合評価を用いた警察署では価格点が50点、公平性が6点、適正性が31点、確実性が13点だった、という（朝日新聞2006年5月31日）。

「路上の番人」基準は？駐車違反監視74法人・競争入札
　駐車違反取り締まりを請け負う全国74法人の中には、取り締まり対象だった運送業者が受注したように利害関係を疑われる企業や、警察官の再就職先として知られている法人もあった。どのような基準でこれらの法人は選ばれたのか。

■最低価格で落札

　全国の都道府県警察は、それぞれ競争入札で委託法人を決めた。

　競争入札の仕組みについて、警察庁は、価格と評価を合わせた総合評価制度による決定が好ましい、との通達を出している。「公共性の高い職務ゆえ『安かろう悪かろう』を防ぐためです」（同交通指導課）。

　この制度では、安いほど高くなる価格点と、「公平性」「適正性」「確実性」から判断される評価点の合計100点満点で最高点の業者が落札する。

　しかし、18県は最低価格だけで業者を決めていた。その理由を各県警は次のように語った。「条例の制定が遅れたため、作業が間に合わなかった」（福島）、「1地区しかなく、事務作業の負担が大きい総合評価制度を見送った」（福井）、「駐車違反の確認は高度な技術を要する業務ではないため必要ないと判断した」（静岡）

■「公平性」6.6点

　総合評価制度も万能ではない。評価の配点などは各都道府県警に委ねられている。導入した29都道府県のうち、回答しない6県をのぞく23都道府県で見ると、「公平性」への配点は平均で6.6点。「みなし公務員」として期待される業務の公平性は、それほど重視されていないようだ。

　最低の3点を配点した三重県警は「何をもって公平とするか判断しづらく、不公平にならないように小さくした」。最高の14点とした茨城県警でも「ほとんど差がつかなかったので、来年から配点を小さくする」。

　警視庁は7点。書類審査のため裏付けがとりにくい項目は「作文競争」になりやすいとして配点を低く、業務を円滑に進められるかをみる「確実性」を高くして21点を配分した。

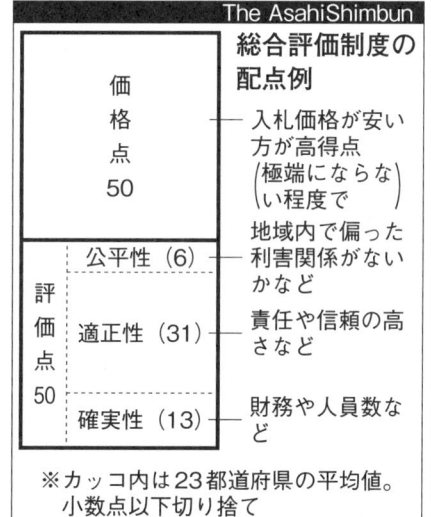

総合評価制度の配点例 （The Asahi Shimbun）

価格点 50	入札価格が安い方が高得点（極端にならない程度で）
評価点 50 — 公平性（6）	地域内で偏った利害関係がないかなど
適正性（31）	責任や信頼の高さなど
確実性（13）	財務や人員数など

※カッコ内は23都道府県の平均値。小数点以下切り捨て

■警察OBの評価

　74法人のうち、少なくとも36法人が警察OBを受け入れている。関西地方で落札した企業の担当者は、警察OBがいたから落札できたのかも、と考えている。「3地区で入札に参加したが、落とせたのは、取り締まりの責任者に警察OBをあてていた地区だったんです」と声をひそめる。

　全国最多の14地区で業者を決めた警視庁は、業務全体をみる統括責任者の経歴をたずねている。「交通取り締まりの経験あり」と書かれていれば、加点した。

　同交通部の担当者は、「配点は明かせないが、『責任性』のなかの『遂行体制』という項目のごく一部です。警察OBの優遇にはあたらない」と説明している。

┌─ コラム③　PFI法の改正 ───────

　PFI法は2005（平成17）年8月に改正され、次のような点が変更された。第1に、PFI事業がサービス分野を対象とすることが明確化された。従来は建設事業に重点が置かれているという印象を持たれていたが、目的規定において、国民に対する低廉かつ良好なサービスの提供を確保することが明記され、民間企業の得意とするサービス分野への拡大が推進されることになる。

　第2に、基本理念等において国公有財産の有効利用等の観点が明確化された。「基本理念」における配慮事項として、PFI事業として民間事業者にゆだねるに際しては、行政の効率化又は国及び地方公共団体の財産の有効利用にも配慮することが明記され、また「基本方針」を定めるに当たっての特定事業の選定にかかる配慮事項として、安全性を確保しつつ、国民に対するサービスの提供における行政のかかわり方の改革、民間の事業機会の創出その他の成果がもたらされるようにすることが追加された。民間が政府の非効率部分に対して積極的に提案できる仕組みとするという意味では、官から民への流れを体現したものとなっている。

　第3に、国公有財産（行政財産）の貸付けが拡充された。公共施設等と民間施設との合築建物の場合、改正前は合築建物にかかる行政財産である土地を、PFI事業者のみに貸付け可能とされていたが、改正後は合築建物にかかる行政財産である土地を、PFI事業者から民間施設部分を譲渡された第三者にも貸付け可能とされ、再譲渡の場合も同様とされた。

　第4に、民間事業者の選定に当たっての評価方法が明確化された。すなわち、公共施設等の管理者等は、民間事業者の選定を行うに当たっては、「原則として価格及び国民に提供されるサービスの質その他の条件により評価を行うものとする」と規定され、総合評価方式が明記された。

　第5に、その他の主要事項として、(1)公共法人（独立行政法人を含む。）及び地方公共団体へのPFI法適用の明確化等、(2)

PFI事業と指定管理者制度との整合を図る規定として、地方自治法に基づいてPFI施設を指定管理者にゆだねる場合には、指定の期間等についてPFI事業の円滑な実施に配慮することを明記した。(3) PFIに関する資料の公表等として、PFI推進委員会がPFIに関する資料の公表のために必要な措置を実施することが明記された。また、(4) PFI法の少なくとも三年ごとの見直し、(5) 段階的事業者選定方法の導入等の検討が付則に明記された。

　最後の (5) 段階的事業者選定方式とは、イギリスで行われている方法であり、提案、交渉、選抜というプロセスを複数回重ねて、徐々に絞りながら落札者を決定するという方法である。しかしながら、透明性を高めないと、官製談合が容易になるという危険性もある方法である。しかし、競争の中から本当によいものを選択しようとすれば、競争できる少数が残って本気で競争するというプロセスは重要である。とはいえ、最後まで残って結局落札できないとなると、コストも高くなる。それが続けば、担当者としても難しい立場に置かれてしまう。競争参加の実費弁償のような仕組みも必要かもしれない。今後、どのように制度化されていくのか、興味深い。

2 総合評価から「政策入札」へ

1 総合評価型入札で十分か

　総合評価の事例として、美術館の建設・運営、自治体の公共施設の管理、駐車違反の民間委託の3事例をとりあげたが、総合評価がもっとも多く用いられているのは、国の公共事業のようである。都道府県レベルでは、新聞記事を検索してもまだ試行段階であるとか、試行的

に導入とか、2006年度から本格導入などという段階である。たとえば、朝日新聞2005年3月29日朝刊青森版によれば、東北6県の総合評価の導入状況が次のように示されている。ここでは、山形県がもっとも進んでいるが、2005年3月までで5件である。

■各県発注工事での総合評価落札方式の導入状況
(日時は入札実施時期)

【青森】	05年1月	県産材の使用を定めた「青森空港立体駐車場」建設
【岩手】	実績なし	
【宮城】	実績なし	
【秋田】	04年2月	完成後の電気代抑制を狙う道路の融雪設備工事
【山形】	04年10月	騒音や振動などの工事災害防止を目指す橋工事
	同	渋滞緩和を目指す橋工事
	11月	市街地での下水道事業で交通弱者への配慮を求める
	12月	工期短縮を狙う道路改良工事
	05年3月	河川の床固め工事で環境への配慮を求める
【福島】	実績なし	

　それに対して国では、具体的件数は不明であるが、2006年2月24日に公共調達に関する関係省庁の局長級会議を開き、公共工事の入札制度などの改善策を決めたという（日経新聞、2006年2月24日）。それによれば、一般競争入札を2億円以上の工事に広げ、総合評価方式も3月末までに目標を設定し、4月から拡大を図るとされている。

　その後、大規模工事を手掛ける9府省庁の今年度の導入目標が4月27日になって明らかにされた。すなわち、国土交通省の80％が最高で、内閣府と農林水産省が50％、防衛庁30％、環境省10％と続く、という報道があった（日経新聞、2006年4月28日）。このことから、総合評価による公共工事は2006年度から相当増加するものと思われる。

　ところが、総合評価の対象となる項目がどのようなも

のかという点が重要である。国土交通省が2005年9月に公表した公共工事における総合評価方式活用検討委員会「公共工事における総合評価方式活用ガイドライン」（p.8およびp.20）によれば、図表10のようなものとされている。

　要するに、施工計画、施工実績、技術者の能力の3項目であり、総合評価とはいいながら、価格と技術力の評価であるといえよう。このガイドラインには、総合評価方式として簡易型、標準型、高度技術提案型の3種類があげられているが、技術的能力の審査項目については同じである。得点配分については、簡易型が30点、標準型・高度技術提案型は50点となっており、詳細については異なるところがあるものの、基本は価格と技術の評価であることには変わらない。

　ただし、簡易型におけるその他の評価項目の例として、「必要に応じて、例えば以下に示すような評価項目を追加することもできる」として、地域貢献の2例が掲載されている。

　筆者としては、こうした国の総合評価について、価格だけの評価よりもベターだとしても、技術力を加えただけでは、総合評価とはいえないのではないか、と感じている。簡易型は技術力の競争にならないような場合に、すなわち技術力が必要ない場合に、その他の項目を入れてもよい、ということのようであるが、30点のなかの2点であり、総合評価とはやはりいえないのではないだろうか。

図表10　技術的能力の審査項目

審査項目		審査基準
施工計画（※1）	工程管理に係わる技術的所見	・工事の手順が適切であること ・各工程の工期が適切であること
	材料の品質管理に係わる技術的所見	・コンクリートや鋼材溶接部等の品質の確認方法、管理方法が適切であること
	施工上の課題に対する技術的所見	・発注者が指定した施工上の課題への（※1）対応が適切であること
	施工上配慮すべき事項	・施工上配慮すべき事項及び配慮方針が適切であること
企業の施工実績	同種・類似工事の施工実績（※2）	・企業が同種・類似工事の施工実績を有すること ・一定の工事成績評点に満たない実績は認めないこともできる。
	工事成績（※2）	・企業の工事成績評点の平均点が一定の点数を満たしていること
配置予定技術者の能力	同種・類似工事の施工経験（※2）	・配置予定技術者が同種・類似工事の施工実績を有すること ・一定の工事成績評点に満たない実績は認めないこともできる。
	工事成績（※2）	・配置予定技術者の工事成績評点の平均点が一定の点数を満たしていること

※1　施工計画については、少なくともいずれか一つの項目を審査する。
※2　同種・類似工事については、当該工事の特性を踏まえ、工事目的物の具体的な構造や規模等を適切に設定する。施工実績及び工事成績については、CORINS等のデータベース等を活用し、確認・審査する。
※　必要に応じて、配置予定技術者を対象にヒアリングを実施する。その場合、例えば以下の項目について確認する。ヒアリング結果については適宜、技術資料の評価においても活用することができる。
・配置予定技術者の経歴・資格
・同種・類似工事の施工経験の有無
・同種・類似工事のうち代表的な工事の概要、特に留意・工夫した点
・当該工事の施工上の課題、特に配慮すべき事項の有無、技術的所見
・当該工事に関する質問の有無　等

○災害協定等による地域貢献の実績について

評価項目	評価基準	配点	得点
過去5年間の災害協定等に基づく活動実績の有無 〔評価対象の例〕 ・災害対応協定に基づく活動実績 ・大規模災害時の応急対策実績	活動実績あり	2.0	/
	活動実績なし	0.0	2.0

○ボランティア活動による地域貢献の実績について

評価項目	評価基準	配点	得点
過去5年間のボランティア活動の実績の有無 〔評価対象の例〕 ・災害ボランティア実績 ・ボランティアサポートプログラム参加実績 ・クリーンアップキャンペーン参加実績	活動実績あり	2.0	/
	活動実績なし	0.0	2.0

※ 配点や年数等については、工事の特性（工事内容、規模等）や地域特性等に応じて適宜設定してよい。

2 社会的価値を基準に

　では、どのようにすべきなのか。自治体として総合評価を導入しようとするとき、どのような要素を考慮し、取り入れるべきだろうか。政府は、そもそも、公平性を保ちつつ、より良い社会を実現するための政策を行っていくことが使命である。社会的価値を実現しようとしていると言ってもよいであろう。こうした観点からみれば、入札という手続きもこの政策を実現するために動員すべきであって、契約の相手となる企業に対しても政府が追求するさまざまな社会的価値に配慮することを求めてもよいのではないだろうか。すなわち、入札の基準として、価格と技術力に加えて、社会的価値に配慮しているかどうかを、契約の相手方の選定基準に組み入れてもよいのではないか。先に引用したガイドラインも、「地域貢献」を必要に応じて追加することもできると述べて

いるのである。

　たとえば、企業が環境への配慮を行っているか、障害者雇用など福祉にも配慮しているか、男女共同参画を進めているか、雇用者として公正労働基準を適正に維持しているか、といった点にも着目し、企業の選定に際してこれらに配慮する企業には有利に、配慮を怠っている企業には不利になるようにすれば、広く社会に対しこれらの社会的価値の追求を促す効果が期待できるのではないだろうか。

　これらの環境、福祉、男女共同参画、公正労働などの価値は、政府が政策・施策・事務事業を通じて追求すべき「政策目的」といえるものである。この政策目的を追求するための手段として、総合評価型入札を使えるのではないか。すなわち、総合評価型入札の枠組みの中に、このような社会的価値を判断基準として組み込めば、入札制度そのものが社会的価値を追求する政策手段となる。こうした入札を「政策入札」と名づけておきたい。

　筆者は、単に総合評価型入札を導入するだけでは十分ではないと考えている。総合評価型入札は単に方式だけの問題であり、そこにどのような価値を評価基準として盛り込むかによって、その入札の持つ意味はまったく変わってくる。極端にいえば、社会的価値に配慮しない総合評価型入札というのもあり得るわけである。考えなければならないことは、総合評価型入札という手段をどう使いこなすかであり、そして総合評価型入札を社会的に有益な方向で役立てようというのが、政策入札の考え方だといえる。

3 価格入札から政策入札へ

　「政策入札」というと、入札によって政策を購入する

という意味のように感じるが、「価格入札」とは入札の基準が価格であるという意味であるから、「政策入札」とは入札の基準が政策であるという意味になる。すなわち、入札の基準が政策的価値にあるということであり、政策的価値とは政策によって追求されるべき価値ということであるから、それは社会的価値と同義である。最近ではこの言葉もところどころで使われるようになってきたが、元々は筆者が座長をつとめた自治労の自治体入札・委託契約制度研究会において、入札制度の研究を進める中で生まれた言葉である。

　研究会では、落札の低価格化によって賃金低下など労働条件の悪化が引き起こされていることから、入札契約制度そのものを見直していきたいとの考えであったが、筆者としてはその他にも、現在の入札制度自体が談合を生み出すような制度になっているという問題意識もあり、研究会として総合的に入札制度を研究していくことになった。

　研究を進めるうちに明らかになってきたのは、やはり価格という単一基準で入札を行っていることが、さまざまな問題の根源になっているということの再確認であった。談合にしても、いわゆる「本命」業者、「チャンピオン」さえ決まっていれば、あとは価格を打ち合わせるだけで話が済んでしまう簡便さが、業者を談合に走らせているのであろうし、安い価格を提示した業者ほど有利という点が、結果的に公正労働基準を脅かし、労働者へのしわ寄せとなっているのである。そこで価格以外の価値を入札制度に盛り込んでいくべきではないかという方向に、話は進んだ。そしてそのためには、総合評価型入札の枠組みが使えるのではないか、というのが政策入札の着想の発端である。

従来の入札制度は、価格のみを判断基準とする「価格入札」であった。この「価格入札」を「政策入札」へと改革することによって、社会的価値を追求する新しい政策手段が実現し、同時に談合が行われにくい入札制度も実現する。いってみれば政策入札は「二兎を追う」考え方なのである。

4 自治体にとっての政策入札の意義

　政策入札には、もうひとつ重要な意義があると考えている。それは自治体の政策の独自性にとって、政策入札は大きな可能性を秘めているという点である。すなわち、従来のように機関委任事務体制における国の指示下で粛々と政策を実施していくだけでは政策入札を進めることができないのである。自治体が政府として政策入札を進めようとすれば、政策づくりを独自に行わなければならない。そのプロセスが自治体にとってこそ大きな意義があると考えているからでもある。

　国と自治体とは、本来中央政府と地方政府であり、対等の関係にあってしかるべきものだが、現実問題として自治体にはさまざまな「足かせ」がある。法律・政令による制約はその典型である。憲法には、「地方公共団体は、その財産を管理し、事務を処理し、及び行政を執行する権能を有し、法律の範囲内で条例を制定することができる。」（94条）と規定されているが、地方自治法には「法令に違反しない限りにおいて第2条第2項の事務に関し、条例を制定することができる」（14条）とされている。憲法では「法律」だが、地方自治法では「法令」となっており、さらにこの条文の解釈では法律・政令・省令を指すと言われ、省令まで含まれている。従来の「機関委任事務」については、包括的な指揮監督権が

認められており、法律・政令・省令・通達までが自治体を統制するものと解釈されてきた。

　2000年から施行された改正地方自治法によって、「普通地方公共団体は、その事務の処理に関し、法律又はこれに基づく政令によらなければ、普通地方公共団体に対する国又は都道府県の関与を受け、又は要することとされることはない」（245条の2）と明記され、事務の処理については「法律又はこれに基づく政令」と明確にされた。しかし前述のように、条例制定権については、「法令に違反しない限り」という規定である。

　地方分権の流れの中で、入札制度についても新しい視点で見つめなおすべきだと、筆者は考えている。入札制度については、政令としての地方自治法施行令で規定されたものであり、自治体としてはその規定の制約を受けることになる。しかしながら、前述のごとく、総合評価の導入は、地方自治法の改正ではなく、地方自治法施行令の改正で規定されたものであり、地方自治法はそもそも総合評価を許容していた、と考えることができる。とするならば、地方自治法に基づいて、自治体が条例・規則によって総合評価の入札を導入することができ、自治体としての自己決定・自己責任の観点から、自治体が決めるべきものである。その意味では、依然として問題があるが、地方自治法施行令の規定する総合評価一般競争入札は例示として見なせばよい。地方自治法施行令における総合評価一般競争入札の規定に基づいたとしても、内容については自治体の長に委ねられているので、自治体としての独自な落札者決定基準を作成することができる。そこにそれぞれの自治体が独自に優先的に追求すべき社会的価値を定め、それを入札制度にも反映させることで、分権型政策形成に取り組み、独自性のある政策を

推進できることになる。

③ 政策入札の基準

① 総合評価を普及させる努力

　総合評価方式の事例としては、前述した大阪府の事例が社会的価値を取り入れたものであり、非常に優れていると評価できる。しかしながら、全体としてはまだまだ試行段階にとどまっているといわざるを得ない状況にある。総合評価方式は、2005年の「公共工事の品質確保の促進に関する法律」の導入によって、国も自治体に対する働きかけを強化してきている。

　「はじめに」でも触れたように、国土交通省は、地方自治体向けの総合評価実施マニュアルを策定したという（建設通信新聞、2006年5月16日）。「総合評価方式使いこなしマニュアル」と題し、公共工事品質確保促進法（品確法）や総合評価方式の実施に当たっての課題や総合評価方式の手続きなどを紹介、解説するだけでなく、そもそも品確法や総合評価方式とは何なのかといった基本的なことも説明されている。

　また、国交省と国土技術政策総合研究所が2005年4－5月に実施した調査によると、全自治体（2446団体、回答率94.4％）のうち、品確法、総合評価方式ともに約半数が「聞いたことがあるが、内容は知らない」と回答し、総合評価方式の実施に当たっては「手続き開始から契約まで時間を要する」「手続きに伴う事務量の増大」「評価項目の設定が困難」「評価方法の設定が困難」が上位を占めていた。そのため、マニュアルでは、総合評価

方式の一連の手続きをわかりやすく説明している。

　記事によれば、評価項目の設定については、配置予定技術者の能力や企業の施工能力などに加え、地域内の本店、営業所の有無といった地理的条件、災害協定やボランティア活動の有無といった地域貢献も例示し、地域建設業に配慮した内容になっている。また、自治体が実際に総合評価方式を導入する際に参考となるよう簡易型の具体例として道路の舗装工事、河川の築堤工事を紹介。地方自治法施行令で規定している、総合評価方式を実施する際の学識経験者への意見聴取についても、具体例を提示しているという。このような記事の説明からすると、先に引用した総合評価方式活用ガイドラインを詳しく解説したものと思われる。

　筆者が新聞記事から調べたところでは、先進的な都道府県や政令市等で、徐々に進められつつあるようだ。東北6県の状況については先に述べたが、それ以外についていくつかを例示すると、次のような記事があった。

　徐々に進み始めたとはいえ、まだまだ導入が進まない

地域への貢献も　県公共工事入札に「総合評価落札方式」試行／長野

朝日新聞2005年1月19日

　「県公共工事入札等検討委員会」（委員長＝樋口忠彦・京都大大学院教授）は18日、長野市内で会合を開き、価格のほかに業者の地域への貢献度や技術力を評価対象にする「総合評価落札方式」を、今年度から導入することを確認した。価格競争を重視するあまり、工事の質が低下するケースもあったとの反省からだ。今年度発注の38件で試行する。

　「総合評価落札方式」は全国的にも珍しい入札制度。最高点を100点とし、入札価格を90〜95％、工事成績など「価格以外の部分」を5〜10％の範囲で点数化して評価。点数の高い業者が落札する。

　「価格以外の部分」の評価項目は▽これまでの工事成績▽業者の地域性▽地域への貢献（除雪、道路維持工事への参加状況）など6項目。工事ごとに必要と思われる評価項目を2、3選び、点数をつける。

　参加した委員からは「評価項目の選択基準を明確にすべきだ」、「価格以外の部分が、工事に反映されたかどうかチェックする態勢が必要」との注文があった。

県は今年度分として、1月中旬から発注する公共事業計38件（土木31、農政4、林務3件）で試行する。入札結果は公表し、検討委や県民からの意見を募りながら内容を練り上げていくという。

社会貢献を入札参加条件に／川崎市が制度実施へ

神奈川新聞2005年10月31日

川崎市は、市発注の公共事業で入札参加条件に「社会貢献」を加えた新制度を、早ければ2006年度から実施する方針を明らかにした。31日の市議会決算審査特別委員会で、吉沢章子氏（自民、多摩区）の質問に市側が答弁した。

市財政局によると、導入を検討しているのは主観評価項目制度。企業の社会貢献度を入札参加条件に独自に反映する。具体的な対象項目に、災害時の協力体制や障害者の雇用状況、ISO（国際標準化機構）の認証取得などを挙げている。

新制度の導入は、企業の社会的貢献への意欲を高めることなどが目的。市は11月1日から登録申請の受付を始め、05年度内に数件を試行。この試行結果を踏まえて、06年度以降に本格実施していく方針。

公共工事競争入札、地域貢献度を評価、来年度、札幌市が新方式。

日本経済新聞2006年2月2日

札幌市は公共工事の競争入札で、従来の価格に加え、過去の工事実績や技術力を考慮して受注業者を選ぶ新たな方式を来年度から導入する。1棟十億円程度の建設費用がかかる市営住宅など年間数件の工事で新方式を取り入れる。価格優先ではなく、工事の質を高める狙いがある。

新方式は入札に応募する企業の施工実績や現場の技術力、ボランティア活動への参加など地域貢献の度合いを点数化。入札価格と合わせて総合評価する。市は3月までに点数化する具体的な項目や基準を策定する。

市の2005年度の公共事業費は816億円（当初予算ベース）で5年前に比べ半減。建設業の受注競争が激化し落札価格は下落しているが、一方で「手抜き工事など品質の劣化が進む懸念もある」（財政局）という。このため入札時に技術力を評価する必要があると判断した。

公共工事入札、価格以外も考慮、横浜市、新制度試行へ

日本経済新聞2006年2月8日

横浜市は公共工事入札で落札業者を決める際、価格以外の要素も考慮に入れる「総合評価制度」を2006年度から試行的に導入する。価格のみを選考の基準とする現行方式では、手抜き工事をする業者もいるとの指摘もあり、新制度を取り入れ、適正な価格競争と品質確保を両立させる。

市財政局によると、価格以外の評価要素としては施設の耐久性や美観の向上、環境対策、運営コストなどがあるという。

工事案件ごとにどの項目を採用するかを決め、総合的に評価する。06年度は30件程度で新制度の利用を想定しており、試行結果を踏まえて導入数を増やすことも検討する。

> 横浜市では03年に起きた市発注工事に絡む入札妨害事件を受け、04年度から段階的に指名競争入札を減らし、一般競争入札に移行してきた。06年度からは原則として約2500件の全工事で一般競争入札を採用する。

ことにはさまざまな要因が考えられる。もっとも大きな要因としては、条文が「価格その他の条件」が「最も有利なもの」という抽象的な表現にとどまっているため、具体的な実施方法として組み込むことが難しいことが指摘できよう。だからといって詳細に規定した方がよいという意味ではない。自治体として、「その他の条件」にはどんなものが考えられるか、そして各条件において、どのような基準が「最も有利」と判断するのか、それらを1つひとつ考えて市民合意を形成していくことが重要であり、そこには一定の時間をかけて議論していくことが必要であろう。

2 総合評価に盛り込むべき社会的価値

自治体にとって「価格その他の条件」が「最も有利なもの」を確定していく作業において、役所という団体のみの損得を考えることは差し控えなければならない。地域社会全体にとって「最も有利なもの」を選択すべきことはいうまでもない。ただし、入札という手段がその政策目的を実現するために有効な手段となる条件を探し出すことが必要であって、何もかも使えるというものではもちろんない。

また、入札に参加するのは、民間企業や公益法人・NPO・市民活動団体、その他の特別法人や団体である。これらの団体と契約を結ぶ際に、相手方に求めることができることでなければならない。

その意味では、「企業の社会的責任」(Corporate Social Responsibility)という概念が重要となる。民間

企業はさまざまな社会的価値の実現のカギを握る最も重要な存在であり、それらの価値の実現に対して責任ある行動が求められるのは当然といえよう。

しかし企業という存在にとって、その究極の目的とする利潤の追求は、しばしば社会的価値の追求と対立する。例えば環境への配慮は、企業にとってはコスト増というマイナス要因をはらんでいる。戦後の急速な経済成長には、公害問題という影の部分が伴っていたことは周知のとおりであり、現在も環境破壊や廃棄物による環境悪化などの問題が市民の生活を脅かしていることは、この対立の根深さを物語るものといえる。

公正労働条件の確保もまた、利潤追求とは対立する。労働者の給与等待遇の改善は、やはり企業にとってコスト増につながる。これらの社会的責任は、競争を旨とする市場社会においてはないがしろにされやすい価値であるといえよう。

行政が企業にこれらの責任を果たすよう促すには、これまで法律による規制という手段がとられてきた。もちろん、法律による規制は今後も整備され続けなければならない。しかしそれでも問題は完全にはなくなるものではないことを、私たちは知っている。例えば廃棄物の処理にはさまざまな法的規制がかけられているが、それでも不法投棄の根絶には至らない。

となれば、規制だけを手段とするのではなく、企業に社会的責任への自覚を促す方向での施策も行っていくべきであろう。そして入札の評価基準に社会的価値を導入することは、そのような自覚を促す経済的誘導策となりうる。すなわち政策入札は、社会的責任を果たそうとする企業をバックアップするための手段としても有効なのである。

これらを踏まえて現在のところ、筆者が入札に盛り込むべきと考えている社会的価値の例として、次の4つを考えている。すなわち、
　　①環境への配慮
　　②福祉（障害者雇用等）
　　③男女共同参画
　　④公正労働
の4つである。以下、それぞれの要素について検討していくこととする。

3 評価基準①　環境配慮

　最初に取り上げたいのは環境配慮である。環境への配慮の重要性については、おそらく認めない人はいないといえるほどに合意されている社会的価値として取り上げることができよう。「地球環境」という言葉に代表されるように、国際的な環境への取り組みの必要性は世界各国の重要な関心事となっている。日本においても、国民1人ひとりの環境保護への意識はかつてないほど高まっている。環境を重視した商品が買われ、環境への取り組みに積極的な企業が高い評価を得ている。工業化社会が公害という負の副産物を生み出し続けてきた反省も、そこにはこめられているだろう。したがって、政策として追求すべき社会的価値に環境配慮を含めることは、ほぼ異論のないところと思われる。

　実はすでに国の環境配慮への取り組みによって、入札制度にも大きな影響が及びつつある。入札契約においても価格だけではなく、環境への配慮も業者の選定基準として取り入れてもよいということが、事実上すでに法律で認められているのである。それが2000（平成12）年に制定されたグリーン購入法である。正式名称は、「国

等による環境物品等の調達の推進等に関する法律」という（図表11参照）。

　図表にあるとおり同法では、国などの各機関、地方公共団体、事業者・国民のそれぞれに対し、環境負荷を低減させるような商品・役務（環境物品等）をなるべく購入するよう努力する義務を定めている。

　具体的には、国に対しては環境物品等の調達の基本方針を定めることを義務づけ、各省庁が基本方針に即した毎年度の調達方針を作成・公表し、その方針に基づいた調達を実施、そしてその実績を公表するとともに環境大臣に通知するように定めている。地方公共団体に対しても、毎年度の調達方針を作成し、その方針に基づいた調達の推進に努めるよう定めている。

　グリーン購入法には罰則規定はなく、したがって強制力をもたないが、社会的コンセンサスとしての環境への取り組みをある程度明確にしたものとして評価できる。特に入札制度の観点から見た場合、入札について規定した従来の会計法や地方自治法とは違った価値基準による調達の実施に法的な裏づけを与えるものであり、その意義は大きい。すなわち環境に優しい製品・サービスであれば、たとえ値段が最安値でなくても購入していいということが、法律レベルで認められたからである。

環境配慮をどのように評価するか

　グリーン購入法自体が制定から6年が経過して、都道府県・政令市レベルではすべての自治体によるグリーン購入の取組みが行われている。市町村レベルではまだ取り組んでいる団体の方が少ないが、今後、環境問題の重要性から、多くの自治体による取り組みが始まるものと期待される。

図表11　グリーン購入法の仕組み

国等による環境物品等の調達の推進等に関する法律（平成12年法律第100号）

目　的　（第1条）
環境負荷の低減に資する物品・役務（環境物品等）について、
① 国等の公的部門における調達の推進　⇒　環境負荷の少ない持続可能な社会の構築
② 情報の提供など

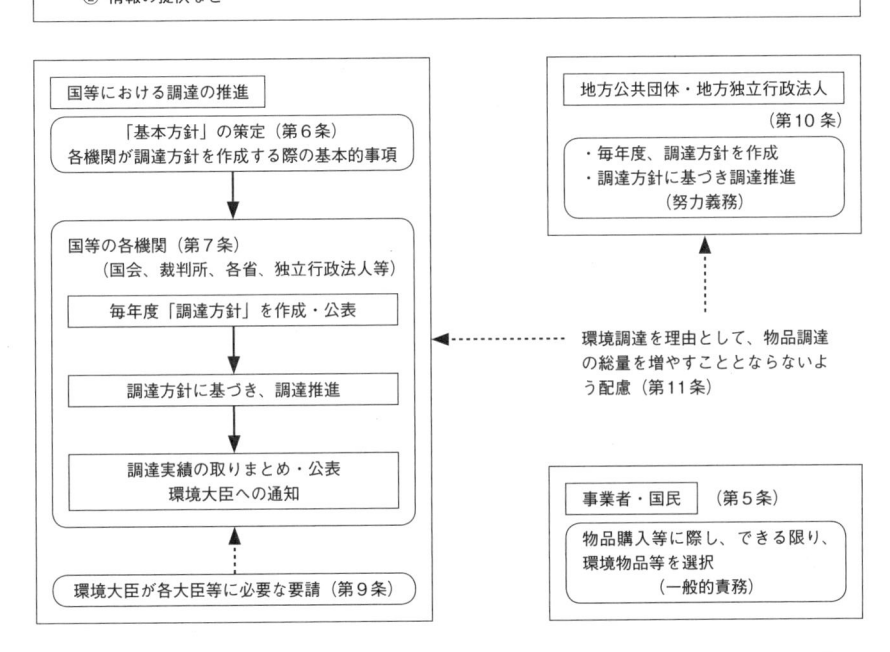

国等における調達の推進

「基本方針」の策定（第6条）
各機関が調達方針を作成する際の基本的事項

国等の各機関（第7条）
（国会、裁判所、各省、独立行政法人等）

- 毎年度「調達方針」を作成・公表
- 調達方針に基づき、調達推進
- 調達実績の取りまとめ・公表　環境大臣への通知

環境大臣が各大臣等に必要な要請（第9条）

地方公共団体・地方独立行政法人（第10条）
・毎年度、調達方針を作成
・調達方針に基づき調達推進
　（努力義務）

環境調達を理由として、物品調達の総量を増やすこととならないよう配慮（第11条）

事業者・国民（第5条）
物品購入等に際し、できる限り、環境物品等を選択
（一般的責務）

情報の提供

製品メーカー等（第12条）
製造する物品等についての適切な環境情報の提供

環境ラベル等の情報提供団体（第13条）
科学的知見、国際的整合性を踏まえた情報の提供

国（政府）
◆ 製品メーカー、環境ラベル団体等が提供する情報を整理、分析して提供（第14条）
◆ 適切な情報提供体制のあり方について引き続き検討（附則第2項）

国においても2003年になってから、環境配慮の方針をようやく打ち出し始めたところである。2003年3月に総務省が「環境配慮の方針」を打ち出し、情報通信を利用した環境負荷の削減等、情報通信の活用に伴う環境負荷の抑制、消防防災分野における環境問題への対応、環境負荷の削減に配慮した地方行政の推進、通常の経済活動の主体としての活動における環境配慮の5項目を掲げている。グリーン購入は最後の項目に含まれている。

とはいえ、総合評価型入札に関連して、その評価項目のひとつとして環境配慮を導入するといった動きはまだないようであるが、「環境配慮」のキーワードで記事検索をしてみると、古いところでは1998年に群馬県が「県環境保全率先実行計画」（エコ県庁推進作戦）を始め、2000年度には1997年度よりも紙使用量や電気使用量を10％削減するという数値目標を設定、「環境に優しい」とされる商品のリストをつくって使用を奨励するという記事があった。県職員の自動車通勤の自粛、公共工事入札の際の環境配慮項目の追加なども将来の検討課題だとされているという（朝日新聞、1998年3月31日、朝刊群馬）。また、群馬県の「簡易型総合評価落札方式による工事希望型競争入札の試行について」（2006年2月10日）によると、公共工事品質確保法の制定を受けて、総合評価を始めることにしたという。総合評価点算定基準によれば、価格点は85点で、価格以外の評価点15点とされており、ISO9001とISO14001の両方を取得している場合に0.5点、ISO9001またはISO14001のいずれかを取得している場合に0.3点、取得なしで0点とされている。

また滋賀県でも「グリーン入札」を始めるという記事があった。

> **環境配慮企業から優先購入──グリーン入札、滋賀県が導入。**
> 　　　　　　　　　　　　　　　　　　　日本経済新聞2006年4月27日
> 　滋賀県は環境に配慮している県内中小企業から印刷物や文具などを優先的に購入するグリーン入札制度を導入した。環境への負荷が小さい物を買うグリーン購入に取り組んでいる企業などを登録、対象にした入札を実施する。環境に配慮する企業のすそ野を広げる狙いで、当面、百社の登録を目標にしている。
> 　制度の名称は「グリーン購入実践プラン滋賀登録制度」(GPプラン滋賀)。県内に本社、支店、営業所などを持ち、グリーン購入の調達方針や目標などを設定している企業、ISO14001など環境認証を取得している企業を環境配慮事業者として登録する。
> 　5月10日から6月15日まで登録申請を受け付ける。登録事業者は県のホームページで公表する。早ければ7月にも1回目の入札を実施する。

　実際に評価項目として導入することを考える際には、入札参加業者の環境配慮への取り組みを、何らかの客観的基準に照らし合わせて評価しなければならないわけだが、その際の基準となりうるのは、上の事例にもあるように、環境関連の国際規格であるISO14001[注1]である。同規格の認証を取得しているということは、すなわちその業者が環境配慮に対応した管理・監査システムを整備していると判断できることであり、環境配慮の評価基準としては、十分な客観性を備えたものといえる。

　環境規格については、環境省の策定した「エコアクション21」[注2]や、その他自治体が独自の規格を策定する

[注1] ISO14001
　国際標準化機構(ISO)が取り決めている環境関連規格ISO14000シリーズのひとつ。生産、サービス、経営に際して環境対応の立案、運用、点検、見直しといった環境管理・監査システムが整備されているかについて、認証機関(日本環境認証機構など)に申請し、その審査を受け、認証が得られればISO14001認証取得企業として登録される。筆者の勤務する大学も認証を取得しているが、環境配慮をマネジメントの一環として組み込むことがポイントであり、思いつきの環境配慮ではなく、継続するマネジメントの仕組みとして環境配慮を行うことを自主的に義務づけるという考え方である。

動きもあり、これらの規格を評価基準として使うことも考えられる。また、大阪府の事例の中で触れたKES[注3]やエコステージ[注4]などもある。

　企業による環境配慮活動を評価して、入札における非価格要素として優遇していく政府・自治体の取組みは、まだまだ始まったばかりといえようが、環境配慮を進めていく重要な政策手段として位置づけることができるのではないだろうか。

　民間企業でも、環境に配慮する企業を契約相手とするという事例もある。最後にその記事を紹介しておこう。

[注2] エコアクション21
　エコアクション21とは、環境省が策定したエコアクション21ガイドラインに基づく事業者のための認証・登録制度である。ISO14001と同様、中小企業、学校、公共機関などに対して、環境への取組を効果的・効率的に行うシステムを構築・運用・維持し、環境への目標を持ち、行動し、結果を取りまとめ、評価し、報告するための方法である。http://www.ea21.jp/

[注3] KES
　KESとは、ISO14001と同様の「環境マネジメントシステム」の規格であり、企業等の経営に当たって環境への負荷を管理・低減するための仕組みである。ISO14001が中小企業には経費負担や内容の高度さなどが障害となって認証取得が困難であることから、より分かりやすく取り組みやすい規格として誕生した、という。環境問題に取り組み始めた段階で、環境保全活動になじむことを目指して、環境宣言を定め、これを実行する計画を立てて進むステップ1と、環境保全を進めるため、システムを項目別に作り実行しつつ、将来ISO14001にステップアップするベースとなるステップ2がある。
http://web.kyoto-inet.or.jp/org/kesma21f/kesinfo.html

[注4] エコステージ
　エコステージとは、ISO14001を補完するマネジメントシステムである。環境マネジメントシステムを効果的に運用していくには、適切なコンサルティングを受けながら、基礎的なレベルから高度なレベルへと段階的に進めていくことが効率的・効果的であるという考えの下に、5つのステージを備え、コンサルティングと環境経営度の定量的評価を重ねながら、段階的にレベルアップしていく仕組みとして構築されたという。ttp://www.ecostage.org/guide/index.html

> 三菱地所、環境配慮を入札基準に。
>
> 日本経済新聞2001年5月22日
>
> 　三菱地所は2001年度以降に手掛けるオフィスビルやマンションの入札に参加するゼネコン（総合建設会社）に、ゼロエミッション（ごみゼロ）などの環境基準達成を義務づける。環境への配慮が企業イメージや集客力の向上につながるほか、ビルの運営・維持コストも削減できると判断した。年間3―5棟の大型オフィスビル（建築費300億円超）を開発する業界大手の同社が環境重視の姿勢を鮮明にすることで、ゼネコン側も環境対応強化を迫られそうだ。
>
> 　三菱地所は耐震設計の導入でビル寿命を従来の2倍の百年超に引き上げるほか、ビル建て替えの際に出る廃棄物をゼロにするなどの環境基準を義務づける方針。水の使用量を10％以上節約できる自動水栓の設置も原則的に義務づける。入札の1カ月前にゼネコンに設計基準を示すのと同時に環境基準も提示する。

4 評価基準②　福祉

　社会的価値として福祉をあげることは環境と同様に多くの人々が合意できることであろう。そうであれば、行政が追求すべき重要な社会的価値として、政策入札に盛り込まれるべき要素である。

　そこで企業が直接的に関係する福祉の問題として何があるのか考えてみると、法律で義務づけられ、客観的な基準が設定されている障害者雇用が候補となるのではないだろうか。大阪府の事例で紹介しているように、すでに実施されているところもあるが、すこし詳しく障害者雇用の状況についてみてみよう。

　身体障害者の就労を支援する「身体障害者雇用促進法」は、1960年には身体障害者の雇用の促進を目的として身体障害者雇用促進法が制定され、障害者の雇用保障に新たな道が開かれた。この法の趣旨は、障害者の雇用を労働市場にゆだねることなく、障害者の雇用を促進するために雇用者である企業に対して一定の公的規制を課すというものである。しかしながら、罰則規定が設けられず、実効性は低かった。そこで、1976年に改正さ

れ、障害者の雇用を企業の努力義務から法的な義務へと強化し、法定雇用率も民間事業所1.5％、国等の現業機関1.8％と引き上げた。さらに、雇用率未達成の事業所には身体障害者雇用納付金を課し、達成事業所には身体障害者雇用調整金・助成金を支給するという制度へと発展した。1987年には知的障害者も対象に含め、障害者雇用促進法と改称された。そして2006年4月からは、精神障害者も雇用率（実雇用率）に算定できることとなったほか、在宅就業障害者支援制度が創設された。

　障害者の雇用を促進する政策手段は、納付金と調整金である。すなわち、企業が従業員数に対し一定の割合で身体障害者又は知的障害者を雇用することを義務づけているが、この比率が法定雇用率であり、その法定雇用率を達成していない場合には納付金を徴収し、法定雇用率を超えて達成している場合には調整金を支給するという方法である。現在、具体的な法定雇用率は次のようになっている。

・一般の民間企業（常用労働者数56人以上規模の企業）……1.8％
・特殊法人等（常用労働者数48人以上規模の特殊法人及び独立行政法人）
　　　　　　　　　　　　　　　　　　　　　　　　　　　　……2.1％
・国、地方公共団体（職員数48人以上の機関）……2.1％
　ただし、都道府県等の教育委員会（職員数50人以上の機関）……2.0％
　なお、重度身体障害者又は重度知的障害者については、それぞれその1人の雇用をもって、2人の身体障害者又は知的障害者を雇用しているものとみなされる。また、短時間労働者は原則的に実雇用率にはカウントされないが、重度身体障害者又は重度知的障害者については、それぞれ1人の身体障害者又は知的障害者を雇用しているものとみなされる。

　具体的には、雇用率を達成しない場合には、障害者雇用納付金として、雇用率で定められた人数からの不足人数分の納付金（月額5万円）を支払わなければならない（常用労働者301人以上の企業から徴収し、300人未満の中小企業からは徴収していない）。他方、もし雇用率

の人数以上に障害者を雇用している企業があれば、その人数分の障害者雇用調整金（月額2万7000円）を支給するという仕組みになっている。いわばアメとムチの使い分けで、障害者の雇用を促進させようという考え方である。

なお、2006年4月からは、在宅就業障害者支援制度が創設され、発注金額に応じて特例調整金[注1]・特例報奨金が支給される制度が2006年度の実績に応じて始められるとのことである。

図表12　民間企業における障害者の雇用状況

区分	① 企業数	② 法定雇用障害者数の基礎となる労働者数	③障害者の数 A. 重度障害者（1週間の所定労働時間が30時間以上）	③障害者の数 B. A以外の障害者	③障害者の数 C. 計 A×2+B	④ 実雇用率 C÷②×100	⑤ 法定雇用率達成企業の数	⑥ 法定雇用率達成企業の割合
規模計	企業 65,449 (63,993)	人 18,091,871 (17,667,306)	人 71,678 (68,539)	人 125,710 (120,861)	人 269,066 (257,939)	% 1.49 (1.46)	企業 27,577 (26,666)	% 42.1 (41.7)
56～99人	企業 24,361 (24,009)	人 1,795,317 (1,766,099)	人 6,201 (6,178)	人 13,769 (13,406)	人 26,171 (25,762)	% 1.46 (1.46)	企業 10,835 (10,638)	% 44.5 (44.3)
100～299	29,323 (28,432)	4,426,269 (4,287,080)	13,006 (12,633)	29,000 (28,114)	55,012 (53,380)	1.24 (1.25)	12,447 (12,104)	42.4 (42.6)
300～499	5,449 (5,307)	1,888,166 (1,833,105)	7,169 (6,793)	13,180 (12,731)	27,518 (26,317)	1.46 (1.44)	2,138 (1,997)	39.2 (37.6)
500～999	3,705 (3,659)	2,339,966 (2,300,290)	9,261 (8,858)	16,047 (15,416)	34,569 (33,132)	1.48 (1.44)	1,288 (1,168)	34.8 (31.9)
1,000以上	2,611 (2,586)	7,642,153 (7,480,732)	36,041 (34,077)	53,714 (51,194)	125,796 (119,348)	1.65 (1.60)	869 (759)	33.3 (29.4)

厚生労働省資料、「民間企業の障害者の実雇用率は、1.49％（平成17年6月1日現在の障害者の雇用状況について）」、平成17年12月14日より。

[注1] 在宅就業障害者支援制度の特例調整金とは、在宅就業障害者に支払われた金額の年間の総額が105万円を超えるごとに、発注元事業主に対して63,000円の特例調整金が支給される制度であり、特例報奨金とは、在宅就業障害者に支払われた金額の年間の総額が105万円を超えるごとに、発注元事業主に対して51,000円の特例報奨金が支給される制度である。

しかし、こうした制度があるにもかかわらず、障害者雇用率を達成せず、納付金を払っている企業が少なくない（図表12参照）。これは障害者を雇用した際の負担額に比べ、納付金・調整金の額が必ずしも大きくないことが原因と思われる。ペナルティーとして納付金を払う方が企業にとっては経済的に得である、と考えている企業が少なくないということであろう。

　これらを考えると、従来からの障害者雇用促進法に基づいた施策に加え、入札の仕組みにも雇用促進の要素を入れることは、福祉政策をさらに推進させる手段として有効なものと思われる。すなわち落札者決定の際に、障害者の法定雇用率を達成している企業には加点するという方法で、企業側に法定雇用率の達成を促すことができる。

　当然のことながら障害者も私たちと同じく社会の一員であり、その生活の質の向上は社会的価値として追求すべきものである。そして日常生活において生きがいを感じるためには、働く場を得ることは非常に重要な要素である。その働く場を提供しうる存在としての企業への、行政側からの働きかけの手段は、複数にわたるほうがより有効であろう。少なくとも現行の障害者雇用促進法だけでは、十分な対策とはいえないことは事実である。

　やがて障害者と同様に雇用において不利な扱いを受けることの多い、高齢者やひとり親家庭に対する雇用支援なども、将来的には視野に入れることも必要であろう。

⑤ 評価基準③　男女共同参画

　男女共同参画もまた、政策入札に盛り込まれるべき社会的価値のひとつといえる。「男女共同参画社会基本法」が1999（平成11）年6月に制定され、2001年1月から

図表13 人間開発に関する指標の国際比較

● HDI：人間開発指数　● GEM：ジェンダー・エンパワーメント指数
（Human Development Index）　（Gender Empowerment Measure）

順位	国名	HDI値	順位	国名	GEM値
1	ノルウェー	0.939	1	ノルウェー	0.836
2	オーストラリア	0.936	2	アイスランド	0.815
3	カナダ	0.936	3	スウェーデン	0.809
4	スウェーデン	0.936	4	フィンランド	0.783
5	ベルギー	0.935	5	カナダ	0.763
6	米国	0.934	6	ニュージーランド	0.756
7	アイスランド	0.932	7	オランダ	0.755
8	オランダ	0.931	8	ドイツ	0.749
9	日本	0.928	9	オーストラリア	0.738
10	フィンランド	0.925	10	米国	0.738
11	スイス	0.924	11	オーストリア	0.723
12	ルクセンブルク	0.924	12	デンマーク	0.705

28	ポルトガル	0.874	28	ラトビア	0.540
29	スロベニア	0.874	29	イタリア	0.536
30	マルタ	0.866	30	クロアチア	0.527
31	バルバドス	0.864	31	日本	0.520
32	ブルネイ	0.857	32	ポーランド	0.518
33	チェコ	0.844	33	ペルー	0.516
34	アルゼンチン	0.842	34	ドミニカ	0.510

施行されているが、それ以降、日本においてもおくればせながら、下記に述べるように、男女平等の実現に向けた取り組みが始まっている。

　しかし、この分野において取り組むべき課題はなお多い。さまざまな組織において女性が責任者となることへのハードルは依然として高く、またセクシュアル・ハラスメントのような問題もある。育児や介護に関しても、男女が平等に担っているとはいい難い現状もある。その結果、女性の就業構造はM字型であり、復帰後はパート・アルバイトなどの非正規雇用になることが多い。2006年6月の男女共同参画白書は、特集として「女性が再チャレンジしやすい社会へ―男女共同参画と少子化対策は車の両輪―」を取りあげている。こうした課題に対しては、行政が積極的に取り組み、事業者等に対してもさまざまな働きかけを行う必要がある。

　UNDP（国連開発計画）「人間開発報告書」（2001年）によると、日本は、基本的な人間の能力がどこまで伸びたかを示すHDI（人間開発指数）では162ヶ国中9位だが、政治及び経済への女性の参画の程度を示すGEM（ジェンダー・エンパワーメント指数）では64ヶ国中31位と低位だとのことである。すなわち、基本的な人間の能力の開発及び女性の能力の開発は進んでいるが、女性が能力を発揮する機会は十分でないといえるのである。

　現在の取り組みの実情を見ておこう。まず国としての取り組みから見ていくと、「男女共同参画社会基本法」が制定され、2001年1月から施行されている。同法では基本理念として、
(1) 男女の人権の尊重
(2) 社会における制度又は慣行についての配慮
(3) 政策等の立案及び決定への共同参画

(4) 家庭生活における活動と他の活動の両立
(5) 国際的協調

の5項目をあげている。

　そして2000（平成12）年12月には、同法に基づいて「男女共同参画基本計画」が閣議決定され、11項目の重点目標が示された。

(1) 政策・方針決定過程への女性の参画の拡大
(2) 男女共同参画の視点に立った社会制度・慣行の見直し、意識の改革
(3) 雇用等の分野における男女の均等な機会と待遇の確保
(4) 農山漁村における男女共同参画の確立
(5) 男女の職業生活と家庭・地域生活の両立の支援
(6) 高齢者等が安心して暮らせる条件の整備
(7) 女性に対するあらゆる暴力の根絶
(8) 生涯を通じた女性の健康支援
(9) メディアにおける女性の人権の尊重
(10) 男女共同参画社会を推進し多様な選択を可能にする教育・学習の充実
(11) 地球社会の「平等・開発・平和」への貢献

　2005（平成17）年12月27日には男女共同参画基本計画（第2次）が策定され、重点目標に12番の項目が追加された。

(12) 新たな取組を必要とする分野における男女共同参画の推進

　（①科学技術／②防域おこし、まちづくり、観光／④環境）

　これらの法律・基本計画を受けて、各自治体でも取り組みが進められ、2005（平成17）年4月1日現在で、すべての都道府県および政令市が男女共同参画に関する計

画を策定している。市区町村で計画を策定している自治体は39.6％となり順調に増加している。策定率の内訳をみると、市区は77.3％と高いが、町村は22.2％にとどまっている。

　早い段階から先進的な取組みを展開した自治体として、福岡県福間町（平成17年1月24日、旧福間町と旧津屋崎町が合併し、福津市となった）がある。福間町では2001年12月に「福間町男女がともに歩むまちづくり基本条例」を可決し、その中で町との契約を希望し業者登録をする事業者等に対し、男女共同参画の推進状況の届け出を義務づけている（6条の3）。すなわち、入札に参加するためには、男女共同参画を進めているかどうかをまず報告しなければならないのである。この条文は「福津市男女がともに歩むまちづくり基本条例」にも引き継がれている。

　実は、当初は共同参画の推進状況を落札の評価項目とする条例案が検討されていたというが、「女性社員がいなければ、入札に参加できないのか」などといった業者の問い合わせがあったため、報告義務にとどめたという。しかし、このように共同参画の推進を入札の審査項目として採用可能かどうかを検討する動きは、他の自治体にも広まってきているようだ。

　ただ実際に、政策入札の枠組みの中に男女共同参画を評価基準として盛り込もうと考えた場合、問題となると思われるのが客観的な基準をどう定めるか、ということである。環境配慮においてはISOの取得が、福祉においては障害者雇用率の達成が、それぞれ客観的基準としてすでに存在するが、男女共同参画についてはこれらに相当する基準がまだない。男女共同参画基本計画で示されている重点目標を見てみても、どれも抽象性が高く、

図表14　福津市男女共同参画推進状況報告書

男女共同参画推進状況報告書
　福津市男女がともに歩むまちづくり基本条例第6条第3項の規定に基づき、男女共同参画推進状況を報告します。
1）従業者（男女）の参画状況について
① 　雇用に関して（貴社の規程に基づく）（平成18年4月1日現在）
・正規従業者数（管理者数を含む）　男＿＿＿人　女＿＿＿人
・臨時従業者数　男＿＿＿人　女＿＿＿人
・管理者数（管理職と位置付けされている者）　男＿＿＿人　女＿＿＿人
・障害者雇用者数（障害者雇用促進法で定める）　男＿＿＿人　女＿＿＿人
・前年度（平成17年度中）の新規採用者（正規従業者）数　男＿＿＿人　女＿＿＿人
・正規従業者の平均勤続年数（平成18年4月1日現在　1年未満切り捨て）　男＿＿＿人　女＿＿＿人
② 　育児・介護等制度の利用状況について
・前年度（平成17年度中）の育児休業の取得者数　男＿＿＿人　女＿＿＿人
・前年度（平成17年度中）の介護休業の取得者数　男＿＿＿人　女＿＿＿人

2）男女共同参画推進の取り組みについて
※実施している項目に、チェックしてください。
① 　育児・介護休業制度の整備に関して
　　□　就業規則に記載している（□　就業規則本体中　　□　別規則）
　　　　　　　　　　　※別規則の場合は、添付をお願いします。
② 　就業しながら育児、又は介護をすることを容易にするために講じている措置に関して
　　□　短時間勤務の制度
　　□　フレックスタイム制
　　□　始業・終業時刻の繰上げ、繰下げ
　　□　所定外労働をさせない制度
　　□　託児施設の措置運営、その他これに準ずる便宜の供与
　　□　労働者が利用する介護サービス費用の助成その他これに準ずる制度
　　□　深夜業を制限する制度
　　□　子の看護のための休暇の措置
　　□　労働者の配置に関する配慮
　　□　職業家庭両立推進者の選任
　　□　その他（具体的に）
③ 　セクハラ防止及び女性従業者への配慮に関して
　　□　セクシュアル・ハラスメント防止に関する研修
　　□　セクシュアル・ハラスメント防止に関する方針を服務規程に明記
　　□　セクシュアル・ハラスメント防止に関する啓発（社内報、パンフレット等の配布など）
　　□　セクシュアル・ハラスメントに関する相談窓口の設置
　　□　その他（具体的に）
④ 　従業員の仕事と家庭の両立を支援するための取組に関して
　　□　次世代育成支援対策推進法による行動計画を策定した（平成　年　月　日）
　　□　福岡県「子育て応援宣言」登録または更新をした（平成　年　月　日）
　　　　　　　　　　※登録証（写し）を添付してください。
　　　　　　　　　　子育て応援宣言制度とは

　企業・事業所のトップに、従業員の「仕事と子育て」の両立を支援するために、取り組む内容を宣言してもらい、県が登録する制度です。県外に本店を持つ事業者であっても、支店や営業所が県内にあれば、その支店や営業所で登録することができます。
※　なお、男女共同参画の視点で取組まれた貴社独自の取組に関する資料やパンフレットなど、ご提供いただけるようでしたら添付をお願いします。

達成しているか否かを測る指標に用いるのは難しい。具体的にいえば、企業の従業員が男女同数であるからといって、共同参画を達成しているとは一概にはいえないといった問題である。

このような導入における困難さはつきまとうが、社会的な問題意識の高まりからいっても、政策入札で追求すべき社会的価値としての男女共同参画の重要性は、見逃すことのできないものといえよう。前出の福津市では、事業者等に推進状況を報告させる際に、(図表14 福津市男女共同参画推進状況報告書)に示したようなフォーマットを用いているが、ここに盛り込まれているような項目について検討することが、政策入札の際の審査においても必要になるものと思われる。よってこれらの項目をどう客観的な指標にするかが、今後の課題といえよう。

6 評価基準④　公正労働

「政策入札」という手法を構想したのは、公正労働の問題がひとつのきっかけだったことは既に述べた。入札制度が価格のみで競争するという性質を持つ以上、契約を獲得するために不当に低い価格で落札しようとする者が出てくる可能性は排除できない。いわゆるダンピングの問題であるが、そのしわ寄せは人件費の圧縮となって、実際に現場で働く労働者へと及んでいく。

公共サービスへのニーズは拡大の一途をたどっているといえようが、社会インフラの整備に伴い、今後の公共サービスは設備面よりもサービス面での拡充がより重要になると思われる。いいかえれば、ハードからソフトへ重点が移るということである。ところが、この傾向はダンピングによる悪影響がより深刻化することになる。い

わゆる役務提供型、すなわち人的サービス提供型の委託事業では、契約額の大半を人件費が占めることになるため、不当な安値での契約が労働環境悪化につながる可能性がより高くなるからである。

　直営方式との賃金格差も問題となる。同じサービスを提供する場合でも、公務員が担うのか民間業者が担うのかによって賃金水準が大きく異なってくる。特に同じ職場で公務員と民間の労働者が働く場合や常用労働者とパート労働者が働く場合など、業務内容に大差がなくても賃金その他の待遇に明らかな格差が生じるといったことも起こってくる。これは、「使用者は、労働者の国籍、信条又は社会的身分を理由として、賃金、労働時間その他の労働条件について、差別的取扱をしてはならない」と定める労働基準法3条の規定から導かれる「同一（価値）労働同一賃金」の原則や「均等待遇」の理念に反する事態であるといえる。ちなみに、ILO第100号条約は、同一価値労働に関する男女同一報酬を規定しているが、日本もILO第100号条約は批准しているのである。

　こうした公正労働基準の確保という問題に対応するには、これまでは競争入札ではなく随意契約によって契約をするという手法で対応する場合もあった。価格競争を回避することで、労働条件の保持を図るという趣旨である。しかし逆に随意契約に頼るということは、コスト高に歯止めをかけられず、また地域の利害関係や政治に左右されやすいという公平性の観点からも問題が生じてくる。

　いずれにせよ入札制度における価格競争の傾向は、公正労働基準が損なわれる可能性に直結しており、このことが民間委託化の進行に対する不安材料となってきた経緯がある。しかし、国の対応や多くの自治体の対応を見

る限り、民間委託化の流れはもはや押しとどめようがない。そこで考えるべき現実的な対応は、入札制度の中に公正労働基準が尊重されるような仕組みをどのように組み込むか、ということではないだろうか。すなわち、入札において価格とは独立した、価格同様に重視されるべき基準として、公正労働基準を組み込むという考え方である。

指標づくりの問題

　ここで問題となるのは、公正労働基準とはいっても、法的に確立した基準ではなく、どんな条件をもって「公正」と認められるのかについては、明確な尺度がまだないという事実である。既存の労働関係法令では最低賃金を定めた最低賃金法や、賃金や勤務時間・労働環境について規定した労働基準法、労働安全衛生法、集団的労働関係を規定した労働組合法、労働関係調整法があり、それらが基準となっているが、では最低賃金法や労働基準法に照らして適法であれば公正労働基準を満たしているかといえば、そうはならない。たとえ支払われる賃金が法定最低賃金以下ではなかったとしても、限りなくそれに近いような低額の賃金であった場合には、公正労働基準を満たしているとはいい難いのである。また、本人の意志に反して、週40時間の労働に満たないパート労働の場合には、生活を支える賃金に至らない場合もある。最低賃金法の存在を否定しているわけではなく、同法の水準が問題なのである。法定最低賃金では「健康で文化的な」生活を享受することは困難ではないだろうか。ではいくら以上ならいいのかというと、そこに明確な線引きがまだなされていない。労働時間その他の条件についても同様で、要するに公正労働基準とは現在のところま

だあいまいな概念なのである。

　公正労働基準を政策入札の中の評価項目のひとつとして導入する際には、客観的な評価基準をどう設定するかがハードルになる。専門家も含めた幅広い論議が必要になると予想されるが、例えば事業にかかる総費用のうち、入札価格を出した積算時の費用内訳を提出してもらい、そこから労働者1人当たりの人件費を割り出し、その人件費を適正な賃金水準という観点から加点・減点し、入札の中で総合評価していくことも考えられる。その場合、積算時の人件費が実行されているかどうかを確認する必要がある。

　これに関連する制度の問題としては、日本の入札価格は総額主義であり、総額の範囲内ならばどのような使い方をしてもかまわないとされている点があげられよう。政府自体の予算支出や補助金の使途などは流用が禁止され、人件費を物品購入に充てることはできない。しかしながら、請負契約の場合には総額主義であるから、その点が自由である。すべてを積算時の単価で実施することを求めるのは請負企業としての責任ある経営を阻害することになるので好ましくないが、労働集約型の業務領域については、一定の縛りをかけてもよいと思われる。現実にはコスト抑制の方法として人件費が対象となることが多いことから、事後チェックを行う必要がある。

　こうしたなかで、独自の試みを示したのが連合（日本労働組合総連合会）である。連合は、独自の試算から、誰にでも最低限の生活を保障できる賃金として「生活保障水準」（連合リビングウェイジ）を示しており、2004年の春闘方針からその目標額として、時間額840円、月額146,000円を提案している。ちなみに、現在の地域別最低賃金は、一番高いのが東京都の714円であり、また

一番低いのが、青森、岩手、秋田、佐賀、宮崎、鹿児島、沖縄の7県で、608円である。

また自治労は、「自治体最低賃金制度」を提案している。現行の最低賃金は、子どものいる単身世帯の生活保護の給付額よりも低額で、子どもを生み育てることができるような水準ではない。このため、生活賃金の出発点として、現行の高卒初任給水準を「自治体最低賃金」として捉え、この水準を自治体が雇用する臨時・非常勤・パート職員をはじめ、委託先労働者にも適用させる協約・協定の締結を提言している。

いずれにせよ、ある程度の客観的な指標作りが必要となるわけだが、その際参考となりうるのはILO94号条約（コラム④参照）や、アメリカのリビングウェイジ条例（コラム⑤参照）などである。前者は国際労働機関によって「公契約における労働条項」として定められたものであり、公契約の相手方となる企業に対し、その地域における賃金相場以上の賃金を労働者に支払うことを要求するという内容であるが、日本はまだこの条約を批准していない。後者は90年代以降、アメリカの自治体に広がりつつある生活賃金条例であり、たとえばシングルマザーの雇用者が1人の子どもを扶養できるだけの賃金を払うことを要求するといったものである。

いずれの方法も労働集約型の業務領域に民間委託が進展しつつある日本の現状では、積極的に検討する必要がある方法である。公正労働条件というときには、これらの条約・条項が念頭に置かれた上で議論されることが多いため、政策入札の制度づくりにおいても、これらを考慮した議論が必要になろう。

原則論の繰り返しになるが、国民の税金を使っている以上、無駄遣いをせずなるべく安価なものを購入するの

は政府の義務といえる。しかし、低賃金に代表されるような劣悪な労働環境で労働者を働かせるような状況を、政府がコスト削減の名の下に積極的に推進していいのかといえば、そうとはいえないであろう。特にデフレが深刻化している昨今、公共サービスにおける賃金の低価格化を放置することは、政府としてデフレ圧力に加担するという結果になる。政府が政策として景気の悪化に歯止めをかけたいなら、入札において公正労働条件を落札基準の1要素とすることを、とりうる具体策のひとつとし

コラム④　ILO94号条約

　国際労働機関（ILO）の94号条約（公契約における労働条項）では、国や自治体など公の機関が事業を業者に委託する際、その地域の平均的労働条件を下げるような契約を行ってはならないと定めている。具体的には契約締結の際、その地域の同種の労働者の労働条件を調査し、その業務に従事する労働者の賃金や労働時間などの労働条件が、その基準を上回ることを契約の中に明記しなくてはならない。また、安全衛生面や福利厚生面でも充分な措置をとることが義務づけられる。これらは下請けや孫請けの契約にも適用される。

　同条約は、1949（昭和24）年に採択されたが、そのモデルとなったのは、アメリカのデイヴィス・ベーコン法（Davis-Bacon Act）である。この法は、大恐慌後の1931（昭和6）年に制定されたもので、大恐慌の克服のために政府が公共事業に積極的にかかわろうとしていた時代につくられたものである。南部の安い労働力（主として黒人といわれている）を有した業者が参入し公共工事を受注するという状態に陥り、北部の業者が公契約法を支持した結果、成立することになったという（高野勇一、「ILO第94号条約と建設労働問題」、http://homepage1.nifty.com/kensetu-union/koukeiyakuhou/koukeiyakuhou.htm）。94号条約は、事業等の実施を通じても、市民の生活向上を図るべきであるという行

政施策の基本的なあり方を示したものであり、2000年3月現在、世界58カ国が批准している。

───コラム⑤　リビングウェイジ条例───

　アメリカの生活賃金（リビングウェイジ）条例とは、①自治体と委託契約を結ぶ企業、②自治体から補助金などを受ける事業体・企業では、条例が定める時給を上回る賃金を雇用する労働者に払わなければならないというものであり、本文でふれたとおり、アメリカの自治体で広がりをみせている。

　その発端となったのは、ワシントンの北部にあるボルティモア市でのあるでき事であった。同市の教会では、おもに失業者を対象に、毎週日曜日にフードサービス（食事提供）を行っていた。しかし、例えば市の公園の清掃をしているような、失業していないはずの人間も行列に並んでいる。なぜかと聞いてみると、賃金が安いので並ばざるを得ないという答えだった。8時間も働いている労働者に、生活を支えることすらままならない程度の賃金しか払われていない実態が明らかになったのである。

　そしてこの実態に驚いた教会関係者や市民、自治体の労働組合などが中心となって、労働者に最低賃金だけではなく「生活賃金」を保障するための地域市民運動が起こり、その結果1994年にボルティモア市は全国初の生活賃金条例を制定し、生活賃金を最低時給6ドル10セントと定めた。そして条例に違反した企業には、自治体が差額を支払うようにせまり、それでも改善が行われないと、契約解除、入札からの排除などの処分がなされることになった。

　こうした動きの背景には、IT化などによる産業構造の変化により、アメリカ経済が好調だった一方で、労働運動は低迷し、雇用の流動化、所得格差の拡大という現象につながったということがある。

　生活賃金条例は現在では全米の60の自治体で制定されてお

り、全国（連邦）最低賃金5ドル15セントに対し、生活賃金は現在サンフランシスコが10ドル、シリコンバレーの中心都市サンノゼでは11ドルなどとなっている。ボルティモアでもその後、8ドル3セントにまで引き上げられている。

　このような条例に対するタックスペイヤー（納税者）としてのアメリカ市民の考え方には興味深いものがある。カリフォルニア州のサンノゼ市の市議会が最低賃金条例を採択した際、その決議に「最低限の暮らしができる賃金の支給を推進するために市の資金を投入することにより、こうした従業員の生計維持能力が向上するとともに貧困が改善され、サンノゼ市における税金を財源とする社会福祉事業の規模が縮小する」との内容が盛り込まれた。すなわち労働者を賃金面で支えることが、結果的に福祉事業を縮小させ、税の節約にもつながるという考え方である。このような発想はまだ日本ではあまり見られないが、バブル崩壊以降の不安定雇用労働者の増大とそれに伴う所得格差の拡大や、生活保護受給者数の増大という現状を考えたとき、大いに参考になるものといえよう。
（自治労・自治体入札・委託契約研究会報告書、資料（1）「アメリカにおける生活賃金（リビング・ウェイジ）条例の動き」）

第3章　政策入札の導入

1　政策入札導入の手順

　前章で説明してきた環境・福祉・男女共同参画・公正労働という社会的価値は、環境は環境政策、福祉は福祉政策というように、これまで政策という手段を通じて追求されてきた。今後も、いうまでもなく、政策として追求することは継続すべきであるが、入札という手段によってもこれらの価値を追求できるのではないか、というのが本書の提言である。本章では、この「政策入札」を実現するためのプロセスを検討する。

　政策入札の制度を導入するためには、そもそも次のような3つの段階が必要だと考えている。第1段階として、自治体が政府としてどのような社会的価値を追求するのかを明らかにすることである。例えば、人権、平和、環境、福祉、男女平等参画、公正労働などの社会的価値について、自治体は政府として追求することを基本条例などの基本的文書で宣言し、自治体の責務のみならず、事業者の責務も明記し、政策として追求すると同時に、自治体契約における入札という手段を通じても、こうした社会的価値を追求することを宣言することが必要であろう。これが手順①で示す「社会的価値を実現するための自治体契約制度に関する基本条例」である。このような自治体契約のあり方を定める基本条例を制定することが、まず第一歩ではないかと考えている。

続いて第2段階として、基本的文書で明確にされた社会的価値を政策として追求する方法について、個別の政策分野において、詳細に展開する必要があろう。人権政策や平和政策などの社会的価値を追求する個別の政策分野では当然のこととして、福祉や教育などの分野で人権や平和などの社会的価値がどのように追求されるかも含めて、個別政策分野における政策的方向性を明確にすることが求められるだろう。この点については、個別政策領域ごとに追求されるべき問題であり、また形式も多様であることから、考え方だけを示しておきたい。

　そして第3段階として、入札に関する基本的なルールを明確にする必要がある。すなわち、政策入札手続きのルール化である。現状では、PFIなどに用いられることが多い総合評価方式の手続きを参考にしながら、自治体ごとに独自な方式を考案し、通常の入札方式として制度化することが必要であろう。これが手順③でしめす「落札者決定ルール」である。

　この3つの段階を踏まえることの意義は、分権的政策形成の実践であると考えている。すなわち、多様な社会的価値という抽象的な規範を基本条例で明確にして、自治体の政策目標として位置づけることが第1段階、その政策目標を各政策分野で客観化し、地域の個性を生かしつつ具体化する作業が第2段階、そして入札という現実の手続きにおいて機能させることが第3段階であるが、この3段階の作業を行うことは自治体が分権時代の役割を再認識するプロセスともなるのである。しかしこの作業は、1度で完璧なルールが作れるというものではない。この手続きを継続的に見直し、よりよいルールにするための日常的な改善作業が必要になってくることから、職員や市民の継続的なモニタリング（監視）も必要

となり、そのことが市民の関心を高める手段としても機能することにもなるであろう。

1 手順① 社会的価値を宣言した基本条例の制定

　行政としては落札の評価基準に社会的価値を導入する前提として、その社会的価値が尊重されなければならないことを示す、何らかの法的根拠が必要になる。その根拠となりうるものが国の場合は法律であり、自治体の場合は条例である。

　最近では、各自治体が独自の自治基本条例を作る動きが盛んになってきている。いわば自治体の「憲法」を、自治体自らが定めるというものであり、地方分権への具体的な取り組みとして注目されるところである。政策入札を導入するなら、自治体としてはどういう政策をとるのか、すなわちどういう社会的価値を追求するかをまず明らかにし、内外に示す必要があるだろう。その役割を担うのが「社会的価値を実現するための自治体契約制度に関する基本条例」の制定である。

　そこでは社会的価値を追求するにあたっての自治体としての義務だけではなく、事業者としての義務も明記すべきだろう。これによって、入札契約という行政と民間の接点を通じて、双方が社会的価値を追求することの正当性が明確になる。すなわちその自治体として尊重すべきと定めた社会的価値の実現に事業者が取り組むなら、行政としてはそれを評価し、優先的に契約を結ぶということの正当性を、基本条例によって宣言するのである。

　基本条例で宣言する理由として、従来は総合評価方式の要素として加えられることについて、技術力が中心であった。国の総合評価についてはすでにみたように、技

術力中心である。このことから、自治体の総合評価も技術力中心でなければならないと勝手に考える自治体の契約担当者が多かった。そのため、こうした旧型職員の意識を変えるためにも、基本条例の制定が必要であった。したがって、基本条例がないと実施できないというわけではないが、基本的な考え方を条例で明確にしておく方が望ましいことはいうまでもない。条例案を掲げておくので参考にしてほしい。

○○市社会的価値を実現するための自治体契約制度に関する基本条例

前文
　○○市は戦後経済成長を通じて豊かさを追求してきた。将来にわたって真の豊かさを実現するためには、環境、福祉、男女平等参画、公正労働等の社会的価値においてなお一層の増進に努めなければならない。そして市は、よりよい地域社会を実現するために、自ら地域社会の先頭に立って努力するべき責任を負っている。同時に社会的価値を実現するためには、市、事業者、市民の協力が不可欠である。そしてそのような協力によって、市が事業者と結ぶ売買、貸借、請負その他の契約を社会的価値の実現のために有効な手段として活用することができる。市が事業者と結ぶ契約は、何より経済的に市にとって有利でなければならないが、それだけではなく市が目指す社会的価値の実現にいかに寄与するかが多面的な角度から検討され、総合的に判断される必要がある。
　この条例は、市が事業者と結ぶ売買、貸借、請負その他の契約が社会的価値を実現するために有効な手段であることを明らかにするとともに、その基本理念を定め、取り組みを推進するために制定する。
【解説】　本条例の前文においては、自治体が「よりよい地域社会を実現するために、自ら地域社会の先頭に立って努力するべき責任を負っている」こと、「社会的価値を実現するためには、市、事業者、市民の協力が不可欠である」こと、および、自治体契約も「社会的価値の実現のために有効な手段として活用することができる」ことなどが宣言される。

（目的）
第1条　この条例は○○市（以下単に「市」という。）が特に重要な社会的価値として認め、その実現を目指す環境、福祉、男女平等参画、及び公正労働等について、市、事業者及び市民の責務を明らかにし、市が事業者と結ぶ売買、貸借、請負その他の契約についての基本理念を示し、並びに市が事業者と結ぶ契約についての手法を定め、もって地域社会の成員がお互いに協力連携しつつ社会的価値の

実現にあたることを目的とする。
【解説】第1条においては、「特に重要な社会的価値」の例示があるが、この他にも、健康、文化、平和、あるいは、広く人権など、さまざまな要素を当該自治体の特性に応じて取り入れることが考えられる。

(定義)
第2条　この条例において「社会的価値」とは、地域社会に生きる人々にとってきわめて重要でありながら、福祉や男女平等参画のように事業者の通常の事業活動によっては増進されることが期待されない社会的価値又は環境のようにかえって侵害される危険性のある社会的価値をいう。

(基本理念)
第3条　市及び事業者は、市が事業者と結ぶ契約が、環境、福祉、男女平等参画、及び公正労働等の社会的価値の実現に向けて有効な手法であることをふまえ、契約の締結及び履行に際して社会的価値の実現に努めなければならない。
【解説】第三条は、自治体契約に関する一般的責務の理念を示す。

(市長の責務)
第4条　市長は、前条の基本理念にのっとり、売買、貸借、請負その他の契約に際して、市が目指す社会的価値の実現を考慮するものとする。

(事業者の責務)
第5条　事業者は、第3条の基本理念にのっとり、その事業活動を通じ、常に社会的価値の実現に努めるものとする。
2　事業者は、市が社会的価値を実現するために取る手法に協力するよう努めなければならない。

(市民の責務)
第6条　市民は、自らの行動により、常に社会的価値の実現に努めるものとする。
2　市民は、市が社会的価値を実現するために取る手法に協力するよう努めなければならない。
【解説】第4～6条は、それぞれ市長、事業者、市民の責務を規定する。市長が、地方自治法および同法施行令により、契約に関する権限を行使する際、考慮するべき事項を規定し、事業者および市民については、あらゆる機会に自ら社会的価値の実現に努めるとともに、市がとる社会的価値の実現手法に協力する努力義務等を規定する。

(報告)
第7条　市長は、第四条の責務を果たすため、市との売買、貸借、請負その他の

契約を求める事業者に対して社会的価値の実現を目指す取り組みに関する報告を求めることができる。
【解説】第7条は、市長が事業者に報告を求める権限を規定する。当該事業者は、第五条の規定と合わせ、その求めに応じる努力義務が課せられる。

（入札参加資格）
第8条　市長は、あらかじめ、契約の種類及び金額に応じ、工事、製造又は販売等の実績、従業員の数、資本の額その他の経営の規模及び状況を要件とする資格を定めようとする場合には、社会的価値の実現に関する事項に配慮するものとする。
【解説】第8条は、制限付き一般競争入札および指名競争入札において市長が定める入札参加資格について、経営状況の一環として社会的価値の実現に関する事項に配慮することを規定する。この資格については、地方自治法施行令（昭和22年5月3日政令第16号）第167条の5の規定がある。

（公表）
第9条　市長は、市が事業者と結ぶ売買、貸借、請負その他の契約の状況についての情報を定期的に公表するものとする。
【解説】第九条は、自治体契約について『白書』などにより、次条の審議会や議会の他、一般市民にも定期的に公表することとする。

（契約調査審査会）
第10条　市が事業者と結ぶ売買、貸借、請負その他の契約について、履行状況その他の重要事項を調査及び審議するため○○市契約調査審査会を置く。
2　前項の審査会について必要な事項は規則で定める。
【解説】第10条に規定する審査会は、法令に規定される総合評価方式を採用する際に必要とされる学識経験者等を構成員に含め、自治体契約について多面的に活動し得るように規則で定める。

注：本条例案は、自治労の自治体入札・委託契約制度研究会の報告書からの引用であるが、若干の語句を修正している。研究会での原案執筆者は、筆者の同僚である宮崎伸光法政大学教授である。

2 手順②　政策領域ごとの検討作業

　基本条例の制定に続く段階としては、それぞれの社会的価値をどのような形で入札制度に組み込んでいくかの検討作業が必要となろう。各社会的価値に対し、どのような評価基準を導入すべきか、各項目の重みづけをどの

ようにするか、といったことである。もっとも、この検討作業を行い、合意形成をしておかないと実際に政策入札を動かすことはできないので、いうまでもないことだが、基本条例を策定してから取りかかるということではない。論理的な手順が基本条例の次の段階ということであって、現実の検討作業の流れとしてはすべてが同時に進められることになる。

　第2段階の検討は、手続きの細かい点までを想定した検討作業である。例えば環境領域であるなら、総合評価の枠組みの中で、価格要素への配点は何ポイントで環境配慮は何ポイントにするか、またその企業の環境配慮への取り組みを評価する基準としてどのようなものを採用するのか、ISOなのかその他の規格なのか、また環境配慮の中でさらに他の評価項目も必要になるのか、必要なら環境配慮全体の中でそれぞれの項目に対する配点をどうするのか、などを検討していく必要がある。そのためには、専門家を含めた検討が不可欠である。環境なら環境を専門とした、福祉なら福祉を専門とした研究者の参加が必要になる。

　この段階では、各分野において十分な時間をかけて議論をする必要があることはいうまでもない。先にも述べたとおり、社会的価値の追求は、ときには企業の利潤追求と対立する。また各社会的価値の優先順位についても、関係者それぞれの立場を考えれば異なった見解が出てきて当然であろう。議論百出、となる可能性もある。しかしあくまで、基本条例の考え方を原則とし、その理念を実現するという目的を忘れずに議論を尽くすことが必要である。この議論の過程は、当然のことながら、市民参加で進める必要がある。多くの自治体で、市民参加は今や通常のことになったといえるが、公募市民を交え

て、多面的な側面から議論し、自治体として望ましい社会的価値を追求できる客観的指標をつくっていく必要がある。

　事業の実施方針づくりが煩瑣であるということを、総合評価型入札の導入のネックとしてあげる意見がある。確かに価格というひとつの指標だけではなく、いくつもの社会的価値を指標とし、しかもそのそれぞれを採点可能な客観的指標として表現する作業は、簡単なものではない。総合評価型入札を導入したPFI事業の実施方針書などの分厚さをみればわかるとおりである。しかし、この段階で議論を尽くしておくことは、次の段階である落札者決定ルールの制定にとって欠かせないことである。

③ 手順③　落札者決定ルールの制定

　第3の段階は、具体的な落札者決定ルールをつくることである。基本条例で示された社会的価値を追求する手段として、総合評価方式で入札を行った場合に、具体的に落札者を決めることができるルールがなければならない。それが落札者決定ルールであり、政策入札導入への最終段階となる。この落札者決定ルールに、第2の検討段階によって決定された各評価項目について、それぞれへの重みづけを盛り込むことである。この落札者決定ルールが、その後の入札手続の基本フォーマットとなる。

　ここでも3段階の考え方を取り入れる必要がある。すなわち、①資格審査、②事業内容審査・形式事項、③事業内容審査・総合評価事項である。

①資格審査

　①資格審査では、提出書類に基づき、事業者の資格を

確認するが、その項目としては、次の通りである。

(1) 安全管理措置の不適切により生じた業務関係者の重大事故または過労死等がないかどうか、を確認する。
業務関係者には下請負や労働者派遣による就業者を含むこととするが、また自治体からの受託業務のみならず他の受託業務も含むこととする。
(2) その他法令違反がないかどうか、を確認する。その具体的な内容は、労働基準法または最低賃金法違反、男女雇用機会均等法に係る勧告あるいは公表、障害者法定雇用未達成にかかわる勧告等、不当労働行為にかかわる救済命令、労働保険への未加入（例えば労働保険番号がないなど）の項目である。

②事業内容審査・形式事項

事業内容審査について、①の資格審査によって入札参加資格を確認された事業者につき、以下の各項目に関する審査を行う。

(1) 事業者の提案価格が自治体の設定する予定価格・最低制限価格の範囲内であることを確認する。
(2) 事業者の想定する事業内容が要求される最低限の要件をすべて満たしていることを確認する。
(3) 業務体制に関する計画の提出書類を精査し、次の諸点を確認する。すなわち、
・想定されている現場代理人や管理的・専門的職種に従事する要員を含む配置就業者数は、その資格に関して、当該職務に関する法令、指針、要綱等に準拠し、かつ適切か。
・本事業に従来から就業していた就業者の雇用をどの程度引き継ぐか。
・就業者の構成に偏りはないか。例えば新規採用の中高年齢者がいたずらに多くないか。
・仕様外のものも含めて資機材の数量は適切か。
・作業場所、作業時間等に無理はないか。
・想定されている現場代理人あるいは現場管理者は類似業務の経験を有しているか。
・発注者側による随時の指揮・命令を前提とした要員構成、すなわち、「労働者派遣事業と請負により行われる事業の区分に関する基準を定める告示」（昭和61年労働省告示第37号）に抵触する業務態勢になっていないか。
・いたずらに下請が多くないか。

③事業内容審査・総合評価事項

　　　続いてもっとも重要な③事業内容審査・総合評価事項では、次の諸点を確認し、評価点へ変換する。

(1) 経済性――入札価格が低いほど高得点とする。最低制限価格を上限とする。低入札価格調査制度の場合は、その対象とならない最低価格と同点とする。価格の得点比率は50％とする。
・価格点を出すための計算方法は、次の通りとする。
　最低価格を50点とする。最低価格以外の価格の点数は、〈最低価格÷当該価格×50〉で算出する。
(2) 環境配慮――地球配慮に対する取り組みを評価する。環境配慮の得点比率は15％（上限）とする。
・すべてのサイト（本社・支店・事業所・工場）においてISO14001の認証を取得している事業者は15点。
・一部のサイトのみの場合については、本社・支店・事業所・工場の規模に応じて加点する。
・中小企業向けの環境活動評価プログラム（エコアクション21）に参加登録している事業者は10点とする。
・KESステップ2取得者、エコステージ（レベル5）の事業者は10点とする。
・独自の環境配慮マネジメントシステムについてもその内容に応じて加点する。
・再生品の使用について、2品目以上が2点、1品目は1点を加点する。
・低公害車の導入状況について、車両の10％以上に導入している場合は3点、5〜9％が2点、1〜4％が1点とする。
(3) 福祉――障害者雇用を評価する。福祉の得点比率は15％（上限）とする。
・障害者雇用率を達成している事業は10点。上回っている場合には、0.2％ごとに1点を加点（上限5点）する。
・障害者雇用率未達成の場合は、1〜1.8％が5点、1％未満は0.2％ごとに1点を加点する。
・障害者雇用の支援体制の提案および内容に応じて2点を加点する。
(4) 男女共同参画――男女共同参画の取組みを評価する。男女共同参画の得点比率は10％とする。
・セクシュアル・ハラスメント相談・防止体制を制度化している事業者については、その実績に応じて4点を加点する。
・セクシュアル・ハラスメント相談のみを実施している場合は1点とする。
・次世代育成支援対策推進法に基づく行動計画とその実施状況に応じて3点を加点する。
・事業所内保育の実施状況に応じて2点を加点する。
(5) 労働福祉――労働条件を評価する。労働福祉の得点比率は10％とする。
・就業困難者の雇用について、提案・計画とその実績に応じて、2点を加点する。

- 本事業で予定する現場就業者のうち、本市の位置する区域に関して厚生労働省の定める標準3人世帯（または2人世帯）の最低生活保障水準額につき、これを上回る月額賃金を支給される者の比率について、100％の場合は1点、欠けるものがいる場合には0点とする。
- 本事業で予定する現場就業者のうち、本市に在住する者の比率について、80％以上は4点、60〜79％は3点、40〜59％は2点、20〜39％は1点、それ以下は0点とする。
- 事業者のかかわる安全衛生委員会の設置及び活動実績に応じて、1点は配点する。
- 審査基準日における雇用保険加入の状況について、未加入労働者がいない場合は1点とする。
- 審査基準日における健康保険及び厚生年金保険加入について、未加入労働者がいない場合は1点とする。
- 審査基準日における中小企業等退職金共済制度加入について、未加入労働者がいない場合は1点とする。
- 審査基準日における退職一時金制度について、非対象労働者がいない場合は1点とする。

※なお、以上の諸点について疑義のある場合には事業者に対して問い合わせを行う。

注：本落札者決定ルールの原案作成者は、吉村臨兵福井県立大学助教授（当時は奈良産業大学）であるが、内容については大阪府の事例などを参考にして、大幅に書き直した。

② 個性的で独自な自治体政策

　少し細かい点まで記述したが、これらすべてをとりあげなければならないというわけではない。これらの基準のなかから、どの項目をどのように評価するのかについて、第1段階、第2段階の検討を踏まえ、評価の仕上げとして設定するのである。

　強調しておきたいことは、そうした項目の組み合わせは自治体として追求する価値の組み合わせであるということである。したがって、それぞれの自治体の政策の個

性と独自性を打ち出すことになる。

　換言すれば、基本条例において「○○市（町、村）では、環境への配慮を重視する」と宣言していた場合、この落札者決定ルールで、例えば環境配慮への評価点の比率を高くするとよい。例えば価格50％、環境配慮20％、その他の価値は3項目各10％ずつ、といった配点比率にすることが考えられる。このことで自治体としての環境配慮への具体的な取り組み姿勢が明確になり、同時に企業に対して環境配慮を促すことができる。

　事例として取り上げた大阪府の方式は、価格評価（50点）、技術的評価（14点）、公共性評価（36点）という内訳であり、さらに公共性評価の内訳は福祉が30点で、環境が6点であった。いうまでもなく、福祉重視の姿勢が明白に宣言されているといえよう。また、国の総合評価は技術力重視である。これも一つの個性といえるが、筆者としては高く評価できない個性である。

③ 公正で専門的な第三者委員会の設置

　政策入札を機能させるために必要になるのが、第三者委員会の設置である。最近では自治体レベルでも、事業の計画・実施に対する公正な審査の必要性から、第三者委員会を設けることが一般的になってきている。すでに各自治体が推進する情報公開では、公開・非公開の客観性を確保するために必ずといっていいほど審査会が設けられている。入札に関しては、地方自治法施行令167条の10の2、第4項で「学識経験を有する者の意見を聴かなければならない」とされていることから、審査会を設置することが義務づけられている。

ではこの第三者委員会はどういうメンバーで構成すべきであろうか。まずは学識経験者を加えることが必要である。ここでの「学識」とは、専門的知識であるが、自治体として追求すべき社会的価値を、どのように入札制度に反映させていくか、各価値についてどのように公正で客観的な指標にしていくかについては、やはりその分野の専門知識を持った人間の参加は欠かせない。しかしながら、この問題は第2段階でしっかり議論しておけば、問題は少ないが、そこでの議論の結論を明確にして、確実なルールとして公表し、応札する企業にもわかりやすい言葉で説明されていなければならない。

またここでの専門性は、客観性を確保するための専門性でなければならない。したがって、同じ学識経験者であっても客観的な立場を貫ける人間であることが望ましい。現実には、行政側の思惑に添った形での参考意見を述べるために、委員会に参加する学識経験者も少なくないことは周知のとおりであるが、このようなことを許容すれば、審査会自体が信頼されなくなってしまい、結果的に審査のスムーズな進行がかえって阻害されることも考えられる。

第2に、客観性を高めるために、市民代表、とりわけ公募市民の参加が重要である。市民の意見は多様であるため、誰が市民を代表しうるかが問題になる。従来は、各種の団体代表が市民の代表として考えられてきたが、団体代表は団体の利益代表であったとしても市民代表ではないことと、どの団体を選ぶかについて行政の裁量が大きすぎるという観点から、市民代表として機能することは少なかった。それに対して、公募市民の場合には、関心が高いことが前提となるため、多くの市民の意見を理解していることが多く、また専門性も高いことが多

い。筆者の経験からも、団体代表は団体の意見を述べることに終始することが多いが、公募市民は自分の意見を述べるだけではなく、他の市民がどのような意見を有しているかを加味しながら発言することが多い。もちろん自分の意見しか述べない公募市民もいるが、参加の経験を積んだ市民によるバランスのよい発言に感心することがしばしばあった。さらに、ボランティアやNPO活動などの市民活動を経験している場合には、行政担当者よりも高い専門性を有していることが多々ある。入札問題に関しても、担当者は業者との癒着を避けるため短期の人事異動で交替していくのに対し、関心を有する市民は交替がないので継続的に関心を維持し問題の究明を続けることが多い。こうした市民が参加すると、「かき回される」と考える担当者がまだいるようだが、事なかれ主義とは決別することが大切である。

　その他行政側の参加者としては、実務を理解している部長級の職員の参加が望ましい。また入札審査のプロセスにおいては経理関係の事項についても審査が必要となるため、学識経験者の中に公認会計士の資格をもつ人間を入れることも必要だろう。

　第三者委員会の設置については、各自治体のPFI事業の実例などを見ていくと、事業計画1件ごとに審査委員会を設置して、事業計画・実施方針に価格以外の価値の追求が適切に盛り込まれているかどうか、落札者の決定が適切に行われたかどうかなど、公募の段階から落札者決定に至るまでのプロセス全体に関わるという形になっていることが多いようだ。

　ところが、このような方式だと、時間と労力が過大となり、結果として敬遠されることになってしまう。そこで、手続きを簡素化するために、事業ごとに委員会を立

ち上げるのではなく、委員会と恒常的な専門部会＋恒常的な事務局という制度で運営すべきであると筆者は考えている。少額の入札を除き、競争を導入すべき入札について、できる限り政策入札を導入するという考え方に基づいて運営するとなると、政策入札の対象となる件数も増えることから、定型化した手続きに沿って入札案件を順次処理していくような体制を作るべきであろう。

　基本的にはこの入札関係審査委員会の任務は、落札者の決定までということになるが、例えば談合情報が寄せられた場合など、その真偽を審査し、ペナルティの強化などについての提言を行うなど、公正な入札制度の保持ということに関しても、委員会が一定の役割を果たすことが期待される。情報公開制度に関しては、公開・非公開の可否を判断する審査会と制度全体の改善等を提言する審議会に分かれている場合もあるが、重大な事件の場合は除外して、審査会とその専門部会＋事務局という体制でよいのではないかと思う。

４ ゼネコンは談合と決別するか

　ところで、2006年1月から改正独占禁止法が施行され、課徴金減免制度がすでに使われていることについてはすでに触れた。この制度が今後どのように活用され、談合社会をストップさせるための道具として役立つのか、まだまだ不明であるものの、課徴金算定率の引き上げとともに、大きな転換期の始まりとなる可能性がないわけではない。

　もう一つ、重要なできごとがあった。ゼネコンが談合を止めると宣言したことである。2005年12月29日の朝

日新聞は、次のように伝えている。

ゼネコン4社「談合と決別」 独禁法、制裁強化受け 鹿島・大成・大林・清水

朝日新聞 2005年12月29日

　ゼネコン大手4社（鹿島、大成建設、大林組、清水建設）が、来年1月4日の改正独占禁止法の施行と同時に法令順守（コンプライアンス）を徹底し、入札談合と決別することを申し合わせていたことが28日、明らかになった。業界内で「業務」と呼ばれる談合担当者らを配置転換し、受注調整にも一切参加しないとしている。法改正で課徴金の大幅引き上げなど違法行為に対する制裁が厳しくなるためで、4社の方針が徹底すれば、業界に根強く残る談合は機能不全となり、自由競争が一気に進む可能性がある。

　4社の首脳の一人は27日夜、朝日新聞の取材に対し、談合について「長年そういう体質があったことは否定しない」としたうえで、「これからどう向かうかが問題。不退転の決意でやる」と語った。配置転換の規模は全国で数十人単位とし、「目に見える形でやることが必要だ」とも語った。

　関係者の話によると、4社の動きは11月上旬から始まり、ごく一部の役員で改正独禁法への対応が検討されてきた。

　最終方針が決まったのは12月20日ごろで、改正法が施行される来月4日以降、民間工事を含めて談合行為を今後、一切行わないことを申し合わせたという。

　当初、実施の時期を「来年度から」とすることも検討されたが、「法改正と同時」に前倒しされた。また、各地域の談合組織では、4社の担当者が中核メンバーになっているところが多いとされ、配置転換で組織の解体につながる可能性が高い。

　4社の方針はすでに業界の一部に伝わり、各社に動揺が広がっている。公正取引委員会のほか、発注側である国土交通省や公団・公社も4社の動向を注視している。

　申し合わせの存在について、存在を認めた1社を除く各社の首脳らは「知らない」「申し合わせはしていない。社独自の経営判断で法令順守に努める」などとしている。取材を申し込んだが、回答がなかった社もあった。

それに対して、もちろん懐疑的だという見方もある。

「談合やめます」ゼネコンの"宣言"に公取委は懐疑的

読売新聞 2006年2月25日

　防衛施設庁を舞台にした談合事件が波及したゼネコン業界で、今年に入って、各社との受注調整を担っていたとされる「営業担当」の執行役員らを別のポストに相次ぎ配置転換したり、幹部社員に違法行為をしない誓約書を提出させたりするなど、談合と「決別」する動きが大手を中心に広がっている。

　過去にない"異例"の取り組みだが、「本気かどうか、推移を見守る必要があ

る」(公正取引委員会幹部)という冷ややかな見方もある。公共工事の発注が集中する年度末、果たして談合は本当になくなるのか。多くの視線が業界の動向に注がれている。

　ゼネコン54社が加盟する日本建設業団体連合会(日建連)など業界3団体は昨年12月22日、「公正な企業活動の推進について」と題する文書を加盟する計161社に送付した。文書は「企業倫理の確立はもとより、疑わしい行動は行わないなど、法令順守の徹底をお願いします」とする内容。課徴金の引き上げなどを盛り込んだ改正独占禁止法(1月4日施行)をにらんでの措置だった。

　いわゆる「談合決別宣言」とされるものだ。実際にその後、大手ゼネコンを中心に、談合での仕切り役とされる「業務担当」(営業担当)が、「安全環境」や「技術推進」などの担当に替わる人事異動が進んでいる。

　今回の事件で、防衛施設庁側が決めた土木工事の受注予定業者の配分表を各社に伝える「連絡役」とされた、鹿島(東京都港区)の常務執行役員は、1月10日付で、約8年務めた「営業担当」から「安全環境担当」に替わった。同社では、支店の営業担当者も次々に本社の別の担当に異動している。ある幹部は「うちは本気で談合はやめるつもり。(摘発の)ペナルティーが大きすぎる」と語る。

　大成建設(新宿区)でも、今月1日付で本社と支店の営業担当者十数人の配置を換えた。大林組(港区)も、本社、支店の営業担当者の配置転換を順次実施している。同社では、部長職以上の幹部社員に、独禁法などの順守を誓う誓約書を社長あてに提出させた。部下が違反した場合でも上司を厳しく処分する方針だ。

　鹿島や大成建設では、独禁法改正に合わせて、「順守マニュアル」を改訂したり、独禁法に詳しい弁護士を招いた研修会を実施したりしている。

　　　　さらに、それを裏づけるような入札があるという。

ゼネコン、談合に決別!?「超安値落札」続々

　　　　　　　　　　　　　　　　　　　　読売新聞2006年4月6日

　国土交通省が発注したダム建設など大型工事の入札で、大手ゼネコン各社が今年に入り、予定価格の40～70%台という極めて低い価格で落札していることが5日、明らかになった。

　国交省の低入札価格調査の対象となったのはすでに6件。大手ゼネコンが落札した工事が、同調査の対象となること自体が異例だ。ゼネコン業界が昨年末に行った"談合決別宣言"が大きく影響しているとみられるが、関係者の間からは「激しい安値競争が始まり、下請けにしわ寄せが出る」との懸念も出ている。

　低価格の落札が判明したのは、今年2月下旬から3月中旬にかけて行われた計6件の土木、建築工事の入札。予定価格は約9億5000万円～約93億6000万円。いずれも一般競争入札だった。

　落札率が最も低かったのは、「夕張シューパロダム堤体建設第1期工事」の46.6%。入札には4組の共同企業体(JV)が参加し、大成建設(東京都新宿区)のJVが落札した。

> 建設（港区）など大手を中心とした5組のJVが参加し、落札した大林組のJVの落札率は54.5%だった。
> 　このほか、河川、国道工事など4件の入札でも、大成建設、鹿島（港区）、清水建設などの大手が、単独かJVで落札。落札率は58〜75.5%となっている。
> 　6件の入札は、価格に加え技術力も評価する「総合評価方式」で実施。国交省では、「調査の結果、問題はなかった」として各社と契約した。
> 　国交省が2000〜04年度に発注した工事の平均落札率は95.3%で、04年度は94.2%だった。

　果たして談合は止まるのであろうか。経団連の前会長である奥田氏が「全国津々浦々に行きわたっている慣習のようなもので、地方では仕事を回し合っているワークシェアリング。本当にフェアな戦いをすれば、力の強いところが勝ち、弱いところは沈んでしまう」と述べ、「一気に談合をなくすのは難しい」と述べたのは、2005年7月であった（朝日新聞、2005年7月11日）。電気設備や汚泥処理、水道メーター、最近の事例を取り上げるだけでも、建設業界だけの話ではない。ゼネコン大手が談合を止めると宣言しても、地方の中小建設業者はどうであろうか。やはり競争強化と罰則強化は必要であるが、それだけでは十分ではない。

⑤ 民間企業の社会貢献活動を応援

　政府は何のために入札を行うのか、何を目的として調達を行っているのかといえば、究極的にはよりよい社会的価値の実現を目指すためであろう。そうした基本的な観点から制度全体を見直す必要があるのではないか。
　談合の問題と同時に、日本社会はさまざまな問題に直面している。環境問題にせよ雇用問題にせよ、差し迫った課題であるが、なかなか抜本的な対策が見出せないま

まである。こうした問題に対しては、政府だけが取り組めばよいということにはならない。広く民間企業や市民活動団体も巻き込んだ取り組みが必要になってきているのである。

このような状況の中で入札という制度を見直すと、そこに新たな可能性を見出すことができないだろうか。さまざまな社会的な問題に対し、これまでは規制という政策手段で対応するのが一般的だった。環境問題であれば、環境に悪影響を及ぼすような行為に対して規制をかけるという考え方である。それはもちろん必要な方法であるが、しかし他方で、環境によい影響を与えるような取り組みを行う企業に対して、評価をし、発展の機会を与えることも必要ではないだろうか。これは、企業として担うべき社会的責任への自覚を促すということでもあるが、そのために入札という仕組みを政策手段として使えるのではないか。同時に、行政が気づかない企業の先進的な取り組みを学ぶ機会にもなるのではないか。これが筆者の主張したいことである。

政府の行う活動が民間に与える影響は、さまざまな意味で大きい。単に発注者と受注者の関係だけで見ても、巨額の税金がそこには流れているわけであり、その流れをコントロールすることは受注者側を強力にコントロールすることでもある。従来の入札の枠組みはそのことに対して無自覚であったといえないだろうか。

政府が政策目標として掲げた社会的価値に対し、民間企業がそっぽを向いているようでは、目標の達成はおぼつかない。政策入札という仕組みで、社会的価値を尊重する企業には受注のチャンスがより多く生じることで、規制以外の方法でも企業自身が社会的価値を追求する方向に進むことができるはずである。そのことは結果的

に、企業がよりよい社会の実現のために果たすべき責任を全うするという、責任社会への転換につながるであろう。

　繰り返しになるが、企業間の健全な競争はもちろん必要である。ただしその競争が、価格という単一の基準で行われ続けるとしたら、それはさまざまな方面に悪影響を及ぼし続けるだろう。談合も、いわばその副作用のひとつといえる。一方、社会が理想として実現すべきさまざまな価値も基準として採用し、多様な基準で競争を行う仕組みを作れば、それは談合社会から脱却し、責任社会へと歩み出す第一歩となりうるのではないだろうか。

あとがき

　本書は、2003年12月に公刊した拙書『入札改革――談合社会を変える』（岩波新書）を全面的に書き直したものである。わずか2年半しか経過していないが、本文の中でも記したように、独占禁止法の改正や公共工事の品質確保の促進に関する法律が制定され、入札改革をとりまく環境に大きな変化が生じたことや、橋梁談合を始め、旧成田公団談合、防衛施設庁談合、し尿処理施設談合と次から次へと発覚し、2005年末には大手ゼネコンが「談合と決別」を宣言するなど、大きな動きがあった。そのため、書き直したいと考えていたところ、イマジン出版の青木さんから出版を持ちかけられ、本書の執筆に取りかかった。最近の大学はたいへん忙しく、授業期間中に執筆することはなかなか難しい状況にある。当初の予定とはだいぶ遅れたものの、夏休みを前にしてようやくできあがった。

　私が入札問題に取り組むようになったのは、そもそも公共事業に関心があったからであるが、より直接的には自治労（全日本自治団体労働組合）で設置した「自治体入札・委託契約制度研究会」に誘われたことであった。この研究会は私が座長であったが、2000年3月から活動を始め、2001年10月に報告書をとりまとめた。「政策入札」という言葉もこの研究会で生まれたものである。研究会メンバーは、中央大学教授の広岡守穂さん、福井県立大学（当時は奈良産業大学）助教授の吉村臨兵さん、そして同僚である法政大学教授（当時は地方自治

総合研究所研究員）の宮﨑伸光さん、八王子市役所の藤岡一昭さん、それに自治労の堀江紀一さん、小畑精武さんである。その後自治労は、公契約条例の実現をめざす運動を展開し、パンフレットなども作成されているため、「政策入札」の語が広まりつつある。

　公共サービスの外部化が進展するなかで、「政策入札」は公共サービスの質を維持するための仕掛けとして不可欠ではないかと考えているが、多くの自治体がこの本をきっかけとして「政策入札」に取り組んでいただけることを心から願っている。

2006年7月
武藤博己

参考文献

【著書・論文】

厚谷襄児監修、『公共入札制度の改革』、地域科学研究会、2001年

五十嵐敬喜・小川明雄編著、『公共事業は止まるか』、岩波書店、2001年

碓井光明、『公共契約の法理論と実際』、弘文堂、1995年

鬼島紘一、『「談合業務課」 現場から見た官民癒着』、光文社、2005年

桑原耕司、『公共事業を、内側から変えてみた』、日経BP社、2004年

公共工事入札契約適正化法研究会編、『公共工事入札・契約適正化法の解説』、大成出版社、2001年

建設省建設経済局建設業課監修、『新しい公共工事入札・契約制度』、尚友出版、1993年

沢本守幸、『公共投資100年の歩み』、大成出版社、1981年

鈴木満、『入札談合の研究――その実態と防止策』（第二版）、信山社、2004年

諏訪達也、『談合は必要悪だ！――業者の告白』、エール出版、1993年

総務庁行政監察局編、『入札・契約制度の現状と課題』、大蔵省印刷局、1996年

武田晴人著『談合の経済学』、集英社、1999年

日経コンストラクション、『入札激震――公共工事改革の衝撃』、日経BP社、2004年

広中克彦、『お役人さま！』、講談社、1995年（＋α文庫版は1997年）

藤井康長・小笠原春夫、『契約の理論と実務・新版』、良書普及会、1985年

牧野良三、『競争入札と談合』、都市文化社、1984年

武藤博己、『入札改革——談合社会を変える』、岩波書店、2003年

武藤博己編著、『分権社会と協働』、ぎょうせい、2001年

武藤博己、「公共事業」、西尾勝・村松岐夫編『政策と行政』（講座・行政学第三巻）（有斐閣、1994年）

森田実、『公共事業必要論』、日本評論社、2004年

山崎裕司、『談合は本当に悪いのか』、洋泉社、1997年

依田薫、『公共事業大変革と建設激震』、日本実業出版社、2001年

【調査報告等】

神奈川県、「神奈川県の県立近代美術館新館等特定事業の落札者決定書」、2001年（http://www.pref.kanagawa.jp/osirase/zaisan/pfi/kinbi-pdf/ki-130403.pdf）

環境省、「グリーン購入」（http://www.env.go.jp/policy/hozen/green/index.html）

財団法人地球環境戦略研究機関、エコアクション21（http://www.ea21.jp/）

自治労・自治体入札・委託契約制度研究会、「社会的価値の実現をめざす自治体契約制度の提言——政策入札で地域を変える」、全日本自治団体労働組合、2001年

日本弁護士連合会、「入札制度改革に関する提言と入札実態調査報告書」、2001年（http://www.nichibenren.or.jp/jp/katsudo/sytyou/iken/01/2001_4.html）

横須賀市、電子入札への取り組み、（http://www.city.yokosuka.kanagawa.jp/keiyaku/down/）

著者紹介

●略歴

武藤博己（むとうひろみ）

　法政大学法学部教授（行政学・地方自治・政策研究）

　1950年群馬県生まれ。法政大学法学部政治学科卒業、ICU（国際基督教大学）大学院博士後期課程修了・学術博士（Ph. D.）、（財）行政管理研究センター研究員を経て、1985年から法政大学法学部助教授、89年から同教授。ロンドン大学（LSE）客員研究員（89-91年）。2003年度法政大学法学部長。

●主な著書

　『ホーンブック基礎行政学』（北樹出版、2006年）

　『自治体経営改革』（ぎょうせい、2004年）

　『入札改革──談合社会を変える』（岩波新書、2003年）

　『分権社会と協働』（市民・住民と自治体のパートナーシップ第1巻）（ぎょうせい、2001年）

　『政策形成・政策法務・政策評価』（東京法令出版、2000年）

　『イギリス道路行政史』（東京大学出版会、1995年）

コパ・ブックス発刊にあたって

　いま、どれだけの日本人が良識をもっているのであろうか。日本の国の運営に責任のある政治家の世界をみると、新聞などでは、しばしば良識のかけらもないような政治家の行動が報道されている。こうした政治家が選挙で確実に落選するというのであれば、まだしも救いはある。しかし、むしろ、このような政治家こそ選挙に強いというのが現実のようである。要するに、有権者である国民も良識をもっているとは言い難い。

　行政の世界をみても、真面目に仕事に従事している行政マンが多いとしても、そのほとんどはマニュアル通りに仕事をしているだけなのではないかと感じられる。何のために仕事をしているのか、誰のためなのか、その仕事が税金をつかってする必要があるのか、もっと別の方法で合理的にできないのか、等々を考え、仕事の仕方を改良しながら仕事をしている行政マンはほとんどいないのではなかろうか。これでは、とても良識をもっているとはいえまい。

　行政の顧客である国民も、何か困った事態が発生すると、行政にその責任を押しつけ解決を迫る傾向が強い。たとえば、洪水多発地域だと分かっている場所に家を建てても、現実に水がつけば、行政の怠慢ということで救済を訴えるのが普通である。これで、良識があるといえるのであろうか。

　この結果、行政は国民の生活全般に干渉しなければならなくなり、そのために法外な借財を抱えるようになっているが、国民は、国や地方自治体がどれだけ借財を重ねても全くといってよいほど無頓着である。政治家や行政マンもこうした国民に注意を喚起するという行動はほとんどしていない。これでは、日本の将来はないというべきである。

　日本が健全な国に立ち返るためには、政治家や行政マンが、さらには、国民が良識ある行動をしなければならない。良識ある行動、すなわち、優れた見識のもとに健全な判断をしていくことが必要である。良識を身につけるためには、状況に応じて理性ある討論をし、お互いに理性で納得していくことが基本となろう。

　自治体議会政策学会はこのような認識のもとに、理性ある討論の素材を提供しようと考え、今回、コパ・ブックスのシリーズを刊行することにした。COPAとは自治体議会政策学会の英略称である。

　良識を涵養するにあたって、このコパ・ブックスを役立ててもらえれば幸いである。

自治体議会政策学会　会長　竹下　　譲

COPABOOKS
自治体議会政策学会叢書

自治体の入札改革
―政策入札―価格基準から社会的価値基準へ―

発行日	2006年8月4日
著 者	武藤博己
監 修	自治体議会政策学会Ⓒ
発行人	片岡幸三
印刷所	株式会社シナノ
発行所	イマジン出版株式会社

〒112-0013　東京都文京区音羽1-5-8
電話 03-3942-2520　FAX 3942-2623
http://www.imagine-j.co.jp

ISBN4-87299-423-X　C2031　¥1200E